普通高等教育"十二五"规划教材

建筑色彩

傅东黎 著

Architecture Color

中国电力出版社
CHINA ELECTRIC POWER PRESS

内 容 提 要

本书为普通高等教育"十二五"规划教材。

本书系统介绍了建筑色彩的入门与提高,以教学模块为导向,从静物写生、风景写生、建筑水彩画、综合画法、设计色彩等几个方面,介绍了自然风景和建筑风景的色彩表现,人物和植物的艺术表现等。全书分门别类,图文并茂,重点难点突出,配有详细的步骤分解,以及学生作业分析与修改,短期作业和长期作业绘制的效果处理,示范作品临摹,将写生与创作结合等。

本书主要作为普通高等院校建筑学、环境设计、景观设计、艺术设计、园林等专业的教材,也可作为业余爱好者的自学辅导书。

图书在版编目(CIP)数据

建筑色彩 / 傅东黎著. —北京:中国电力出版社,2016.1
普通高等教育"十二五"规划教材
ISBN 978-7-5123-7447-8

Ⅰ. ①建… Ⅱ. ①傅… Ⅲ. ①建筑色彩–高等学校–教材
Ⅳ. ①TU115

中国版本图书馆CIP数据核字(2015)第 201189 号

中国电力出版社出版、发行
(北京市东城区北京站西街19号 100005 http://www.cepp.sgcc.com.cn)
北京盛通印刷股份有限公司印刷
各地新华书店经售

*

2016年1月第一版 2016年1月北京第一次印刷
889毫米×1194毫米 16开本 11印张 309千字
定价60.00元(含1DVD)

ORDER

序

　　2014年我重返阔别27年的母校工作，欣闻在浙江大学建筑系执教多年的美术教师傅东黎先生拟出版《普通高等教育"十二五"规划教材　建筑素描速写》和《普通高等教育"十二五"规划教材　建筑色彩》，深感可喜可贺。

　　浙江大学建筑系素有深厚美术教育传统。在我就读的年代，有单眉月先生主教素描、杜高杰先生教授水彩，两位前辈均为造诣深厚的中国传统艺术家又有扎实的西方艺术功底。杜高杰先生在浙江美术馆举办的从教60周年纪念画展，让我们真切感受到老师在艺术上的成就是远超出建筑美术的范畴的。幸运的是，当年是由真正的艺术家而非画师教授美术课，因此得以更多地关注艺术在哲学层面的思考，如整体与局部、对立与统一等，而非局限于技法层面，更遑论直接应用于设计的建筑绘画技法。从短期效果来说，可能对于完成一幅干净漂亮的渲染图并未有多少助益，但是，多年下来，我实在可以感受到这种思想方法和艺术感觉培养带来的源源不断的支持。这便引出了一些不容回避的问题，即美术课对于建筑教育的实质意义究竟是什么？以及，未来的建筑教育是否还需要美术课？众所周知，经典的建筑教育源于美术学院系统，美术教育实为必不可少。及至工业革命以后，包豪斯引领的现代主义建筑教育运动，历经后来的沿革变迁到今天，在西方建筑教育中，传统的美术教育逐渐进化为更为多元的视觉艺术训练。在中国，包括在今天的浙江大学，虽然开始增加了现代视知觉训练，但是传统的美术课教育依然保留了较为重要的位置。在我看来，传统的美术课教育并无过时之说，关键的问题在于，我们以怎样的态度对待美术课？怎样来教？怎样来学？当我们真正明白设计类专业美术课教育的实质，不仅仅只关注单纯的绘画技法，也将培育更为重要的艺术思维能力，那么，美术教育将带来创新的自由而不是牢笼。

　　傅东黎先生毕业于中国美术学院版画系，是艺术科班出身的优秀人才。他专攻铜版画、钢笔画、水彩画等，曾有许多作品参加全国性展览并获奖。他在浙江大学执教多年，兢兢业业，教学深受同学喜爱，同时也著述颇丰。结合他的艺术素养、教育经验和研究热忱，我相信他的这两本新著不仅可以承担高校规划教材的使命，也一定会为所有热爱艺术的人们提供一道盛宴。

吴越❶

2015年1月9日

---

❶　哈佛大学设计学博士、浙江大学建筑系主任、浙江大学求是特聘教授。

PREFACE

前言

　　建筑色彩在国际上普遍采用水彩画教学和表现，我国建筑院校（系）大多数以水彩画教学为主，水粉画在我国有广泛的社会基础，目前建筑院校（系）包括美术学院的各设计专业，色彩课程一般采用水粉画教学，也有水彩和水粉两者结合，浙江大学建筑系的色彩课一直是采用这样的办法。

　　水彩画起源于中世纪欧洲，最早以插图和手抄本的形式出现，到了文艺复兴时期水彩画形成新画种，水彩画以表现风格独特，个性鲜明，表现形式既轻松又方便，受到众多画家和观赏者的喜爱。值得一提的是不少大师也画过水彩画，比如中世纪德国的铜版画家丢勒，18世纪的英国画家透纳，20世纪的美国画家安德鲁·怀斯。

　　追溯水彩画的历史，早在17世纪英国资产阶级革命，水彩画随着英国的经济、文化、旅游等行业的发展迅速崛起。虽然水彩画在欧洲并没有像英国那么受到社会的青睐，不少人认为它没有油画的表现力强，尽管如此，水彩画独具的色彩效果，在维多利亚时期的英国已经发展到较高的水平。翻开历史的画卷，像透纳那样大师级别的画家，既画油画又画水彩，他们的水彩画和油画一样的精彩。

　　水彩画随着传教士和西画东渐传入我国，有百年的历史，清朝意大利画家郎世宁，他的画风兼顾东西方风格，他的油画和水彩画以表现宫廷生活为主。到20世纪30年代，水彩画以一种崭新的面貌出现在老上海，当时月份牌的画法，既有西洋写实的造型又有中国水印木板年画的韵味，是东西文化艺术结合比较成功的艺术形式，集时尚、小资和古典为一体，深受中国百姓的喜爱。文革之前，油画和水彩画一直是艺术院校色彩教学的主要手段，直至70年代逐渐被水粉的广告、宣传画所替代，在之后相当长的一段时期里，水彩画没有得到发展。艺术院校、建筑院系恢复招生后，特别是80年代之后，水彩画的教学趋于正常，每隔几年举办的全国美展都设立水彩、水粉画种，另外还有独立的全国水彩、粉画展，其质量有了较大程度的提高。水彩画在世界各地普遍具有认知度，但是，就目前的色彩教学，许多艺术院校开设的色彩课程只有水粉课，水彩画教学还比较局限，在每年的艺考生当中，只会水粉不会水彩的情况比比皆是，甚至，教师队伍中只会水粉不会水彩的情况也存在。基于目前这样的状况，改善和提高水彩画教学的空间依然存在，希望各高校的色彩课能够开设水彩课程。让水彩画在绘画园地里与其他的造型艺术一样开出更加绚丽的花朵。

国际上水彩画风格比较鲜明的有英国、俄罗斯和美国。就编者个人而言，特别喜欢英国画家透纳的色彩风格，绚丽又空灵的色彩感觉让人心旷神怡。在此，一位美国画家不得不提，他对我国美术界影响不小。差不多30年前，我国画台上掀起美国写实主义画家安德鲁·怀斯热，不论他的油画还是水彩画，严谨的造型和精彩的色彩触动了中国画界。也许是历史的诸多原因，多年的闭关自守，缺少国际交流和影像资料，人们已经习惯于文艺为政治服务的思维方式，突然间看到各种绘画和表现语言，安德鲁·怀斯的画风犹如久逢的甘露，那个时期画家之间盛行比画"皱纹"一决高下，画展和画刊都有安德鲁·怀斯的影子。不论英国的透纳还是美国的安德鲁·怀斯，他们精彩的水彩画和油画影响力很大。当代水彩画家中，像美国画家玛丽莲·希曼德那样既写实又表现的画风，轻松的造型和明快的色彩，注重个人的主观感受，用色纯度高亮在水彩界具一定的市场。俄罗斯水彩画以学院主义的写实风格为主，既有水味十足的湿画法又有古典油画相似的干画法，写实功夫叹为观止。

建筑色彩和建筑素描、速写一样，是建筑美术的基础，学习并且掌握这门课程有助于建筑设计和表达。然而，对于刚接触建筑学科的工科生，之前许多同学没有经过系统的美术训练，初涉视觉造型艺术不知所措，面对专业色彩训练的难度和进度均感到困难，尤其是零基础的同学，在有限的一两年里打好建筑美术的基本功，掌握建筑色彩的造型和塑造技能是不小的挑战。为了帮助学习建筑学的同学，能够循序渐进地建立形象思维和艺术表现的美术基础，我在多年建筑系美术从教的日子里，不断总结，其中不乏用学生所长攻其所短取得一些行之有效的实战经验，本教程许多作品源自色彩课上写生和示范的课件，在此感谢自八十年代末迄今为止所教过的学生，他们是我教学实践的开拓者，今天的成果有他们辛勤的努力。更要感谢八十年代我就学的中国美术学院教我的每位老师，他们是我艺术人生的引路人。感谢我建筑系主任吴越教授为本教程写序，他是哈佛的博士，具国际视野的建筑设计师。感谢我的学生张昳哲、林天帆、孙继超和姜山等同学，无私提供欧洲留学、观光影像资料。感谢家人多年来的奉献和支持，确保我投入全部精力绘著。特别感谢中国电力出版社将我多年教学课件、画作得以出版，在此深表感谢！

著者
2015年7月

目录 CONTENTS

序

前言

第一章　教学模块 / 1

第一节　课程设置 / 1

第二节　教学模式 / 6

第三节　培养方向 / 11

第四节　教学时间与作业分配 / 12

第五节　作品的调整与修改 / 13

第二章　静物写生 / 18

第一节　单色 / 18

第二节　水彩静物写生 / 20

第三章　风景写生 / 25

第一节　画面经营 / 25

第二节　植物 / 32

第三节　环境 / 37

第四节　园林与建筑 / 42

第五节　风景写生步骤 / 48

第四章　建筑水彩画 / 50

第一节　西式建筑 / 50

第二节　中国民居 / 54

第三节　现代建筑 / 54

第四节　建筑风景写生步骤 / 56

第五章　不透明画法 / 59

第一节　水粉画 / 59

第二节　综合技法 / 67

第六章　习作解析 / 77

第一节　水分控制 / 77

第二节　临摹 / 78

第三节　作业点评 / 81

第七章　设计色彩 / 88

第一节　色彩构成 / 88

第二节　色彩设计 / 90

第三节　色彩联想 / 92

第八章　建筑色彩作品赏析 / 95

参考文献 / 166

第一章　教学模块

第一节　课程设置

一、水彩画特点

水彩画技法区别于水粉画、油画等画种，它以透明、空灵、便捷等诸多特点见长，学习水彩画，只有充分了解水彩画的特性并且掌握水彩画各种表现技法才能更好地表现水彩画。就画具材料而言，水彩画与另两者的差别比较大，特别是颜料和纸张，因此，就让我们从认识水彩画材料展开水彩画技法的篇章。

二、水彩画画具

1. 颜料

水彩画颜料具有矿物质属性，色彩比较亮丽、透明，即使画得很薄，画面色彩也比较明快，颜色不容易褪色，表现色彩效果层次丰富，无论干画法还是湿画法都能够发挥绘画的视觉效果。现在国内市面上的水彩颜料比较丰富，有国产、进口两大类，初学者较多使用国产的2种牌子，上海的"马利牌"和天津的"温莎·牛顿牌"，分为18色、24色和36色的，颜料其色彩表现力强，稳定性也比较好。另外，进口的也有不少，荷兰的、瑞士的、日本的等等，价格较国产的贵，但是颜料的品种也多一点。颜料一般分液体和固体两类，固体比较方便携带，画小幅比较方便，诸如钢笔淡彩和小幅设计稿。管装液体画大幅作品取颜料比较方便，但是，挤到调色盒里外出写生时候携带需要"呵护"，搞不好颜料就会"互相打架"（见图1-1）。

2. 水彩纸

水彩纸是水彩画材料当中比较重要的环节，劣质的纸张不能充分施展水彩画的技法，尤其是无法表现干湿画法的特点，优质的水彩画纸既可以干、湿画法自如，又能反复修改和调整画面的效果。在日常水彩画教学中，建议学生用国产的"保定牌水彩纸"，或者法国的"康松水彩纸"。价格与质量的性价比高，水彩画常见的技

图1-1　水彩画画具（摄影）　傅东黎　2014年

法表现效果好，即使画错或需要修改和调整的时候，也能较好胜任。而劣质的水彩纸，有的是湿画法晕染的效果差，甚至没有湿画法的功能；有的干画法时前后上色无法融和，甚至上色后的色块马上被纸张吸住，既无法用水"清洗"又无法调整，除非做到每一笔都准确。水彩纸单张购买还可以选择水彩纸质的速写本，有大卫牌还有康松的。画水彩画的过程是熟悉画具和材料的过程，只有充分了解画材，才能掌握水彩画。

3. 水彩笔

水彩笔从外形看有圆头和平头笔两种，从材料上分有狼毫、羊毫和尼龙笔三种。其中笔头有大、中号和小号，笔的质量和价格差别比较大。练习的水彩笔建议备有狼毫、羊毫、一寸半底纹笔各一支，这样的三、四支笔可以交替处理大小画面时候用。比如，底纹笔在清水潮湿纸面和画大面积的时候用，既快又整体，狼毫（大兰竹）笔锋较羊毫坚硬、挺拔，塑造结构比较好，羊毫虽然笔锋稍狼毫软，但是储存水量大，上色比较饱满。为了户外写生方便携带，挑选平时常用的水彩笔为好。如何用好水彩笔可以根据各自作画的习惯、表现风格等，需要慢慢总结用笔的技巧。

4. 颜料盒

为了方便写生和保护颜料，可按照24色或36色的顺序，把颜色依次冷暖色彩挤入颜料盒中，挤入的量参考写生量或作画大小，颜料挤入太少比较容易干，一般每格7成满即可，调色盒的盖子即是调色板，一举两得，有的盖子有几块分割，更方便调冷暖色彩分开。画完水彩，要及时合上盖子，以免颜料中水分蒸发，颜料变硬、龟裂无法使用，如果颜料结块最好提前24小时注水浸泡，再用毛笔吸取多余的水分。

5. 三脚架

室内和户外写生，用画架或三脚架固定画板，方便选择写生的角度和调节高度，充分利用三脚架，包括水桶也挂在三脚架上面，这样可以解放双手。尤其是使用三脚架在户外写生，方便携带，画起来可以轻松一点。

6. 其他

折叠凳子、喷雾器，写生夹既可以夹带画纸又可以充当画板。写生袋可将所有外出写生的装备"一网打尽"，包括颜料、笔、纸张、折叠水桶、写生夹和三脚架等，另外还有纸胶带、夹子、抗水液、海绵和纸巾等。

三、水彩画技法的重难点

1. 湿画法

学习任何一门绘画技法都是有一套规律，水彩画技法也不例外。水彩画不容易掌握的是水分在画面中干湿程度，无论画前的水分还是调整过程中的水分，在干燥的季节还是潮湿的雨季，如果水分掌握的不够好，就会影响画面的进展以及绘画效果。学习水彩画应该从控制水分开始，不然写生就会出现手忙脚乱的无序状态（见图1-2）。

如何用湿画法画天空（见图1-3）：

（1）首先在天空的位置用喷雾器或底纹笔潮湿纸面。

（2）紧接着调好云彩的颜色画在湿润的天空位置。用笔画出白云与蓝天的效果，白云的地方也可以用干净的笔、纸巾或海绵吸掉颜色。

（3）也可以不要打湿白云的位置，这样画出的白云很白，只需要修饰一下白云的边缘。表现白云的厚度可以干湿结合，湿画法色彩的融合度比较好，干画法需要根据白云厚度的色彩调好颜色后再画上去，重视调色的准确。

图1-2　岳庙门前（水彩）　傅东黎　2004年

图1-3　云（水彩）　傅东黎　2014年

画大面积的地面、草地、河流等也可以用类似的办法（见图1-4）。在湿画法过程中，特别注意在雨季或阳光下画面水分多少的掌握，雨季时候潮湿纸面用一点点水分即可，太多的水分在潮湿天气下无法速干，而在干燥的秋天或夏日的阳光下湿纸一定要有足够的水分，而且不能大面积的铺开湿画法，以免来不及画水分就已经跑光了。在室内备用电吹风，加速湿画法的速度。

图1-4　山居（水彩）　傅东黎　2005年

2. 干画法

　　与湿画法相比，干画法需要加强调色的准确度。因为，水彩画是透明的画法，上色前后画面的色彩效果基本不变，水彩画不会像水粉画那样，从上色的厚薄到画面颜色干后，色彩的变化特别大。对此，水彩画不用担心干画法，只要颜色调至准确，色彩基本不变，初学者学习水彩画，普遍在调色阶段比较困难，颜色能够观察了，色彩未必能够调准确，只有慢慢训练，不怕失败，在严格的调色训练中，才能掌握调色的技能。如果调不准确也不要将就，在画纸旁边放一张白纸，上色前试一下看看，是否接近想要的色彩。干画法与湿画法不同，上去的色彩不要反复涂抹，这是为了保留结构与用色的准确度，如果干画法之后反复涂来改去，则失去干画法用笔用色清晰的特点（见图1-5）。

图1-5　静物写生（水彩）　傅东黎　2003年

第二节　教学模式

一、教学重点

在色彩教学的初级阶段，要了解学生学习特点，虽然色彩基础弱，但是，大学生自主学习和理解力比较强，因此，任课教师应在课上或课前在课件上要下功夫。

1. 色彩的基础知识

明度、纯度和色相构成色彩的三要素。

（1）明度

素描阶段，明度就是素描调子的层次，一般称作素描关系。学习色彩的明度，首先是学习观察单色的一块衬布。比如静物台上的一块红色的衬布在光线作用下，呈现受光和背光不同明暗层次的色彩，随着空间的延展，红色的衬布在前后空间里呈现的色彩明度有明显的差别。经过作者的观察和艺术处理，需要表现红色衬布丰富的明度色差，概括红色衬布的空间感、材质等。

（2）纯度

纯度是色彩的饱和度。任一没有调色过的色彩纯度值是最高的，随着调色的次数增加色彩的纯度随之降低。纯度的高低因画面中的"空间角色"不断变化，画面中心、主空间的色彩纯度相对后空间、客体的强，即纯度高视觉感强，纯度弱有退后、隐蔽的感觉。在画面的主体和空间等艺术处理上，需要加强或减弱纯度。

（3）色相

色相是色彩的相貌，看到一个颜色让我们辨认出它的"相貌"特征。比如，红色中分别有橘红、朱红、大红、玫瑰红、紫红等，前两种是略带黄的红色，属于暖色，后两种是略带蓝的红色，属于冷色。如果有红黄蓝三原色，两两相调，得到三间色——橙色、绿色和紫色，再用三原色加三间色调出丰富的复色。如果眼睛生理上不存在色弱、色盲，经过色彩训练的眼睛具备辨色的能力。

在图1-6的这幅古建筑局部中，通过明度、色相和纯度的色彩三要素，综合处理檐口的结构和空间效果，我把建筑的主体结构放在画面的中心部位，强化光照的建筑空间和古建筑材料，用熟褐的色彩为主加强梁柱那些精美木雕质感的刻画，局部用蓝紫色夸张色彩的冷暖对比，其目的是为了加强色彩的局部与整体的统一与变化。

图1-6　古建筑局部（水彩）　傅东黎　2014年

（4）色性

色性是色彩的冷暖属性，在全色相环中冷暖色各具一半。知道色彩冷暖的属性，表现色彩的调子、空间、关系的时候不会出乱子，利用色性调整画面。

（5）色调

无论使用哪种彩色画具，比如油画、水粉、水彩、彩铅、油画棒等等，画面中起到灵魂作用的是色调。无论画前观察还是绘画处理过程中色调一直左右着画面的色彩关系。每一幅画都有一个简单的色调名称。如：暖色调，冷色调，红色调、蓝灰调、暖绿调等等。如果画面中出现红绿冷暖色彩，首先对色调进行整体的感觉和规划，希望有一个明确的主色调，其他的对立色要作相应的处理，减弱其冷暖的对立，共建一个和谐的色调（见图1-7）。

图1-7　水杉树　傅东黎　2008年

　　2.色彩的观察方法

　　在第一堂色彩课上，课件的讲述毋庸置疑，为了实训效果，不妨让每位同学认知一下身上穿戴的是什么，以就色彩的基础知识展开讨论。另外，教室里白色的墙面、天花板分别是什么色相，它们分别受到怎样的光源色和环境色影响。教会学生如何用肉眼观察身边的色彩，理解光源色、固有色和环境色在色彩空间的作用，如何用色彩表现空间和透视的效果，让大家身临其境，在色彩的感觉之中，慢慢体会色彩的观察方法。

二、学习重点

　　色彩不同于素描，学习色彩不能生搬硬套素描的表现方法，避免用素描的造型手段画色彩效果。学习色彩，需要强调色彩的理论体系，只有掌握色彩的观察方法和规律，才能较好表现色彩的效果。

　　1.调色

　　色彩的表现是否正确，离不开调色的功劳。刚开始学习色彩，困难比较多，不是分辨色彩不确定就是调色缺少准确度，有时调色盘上的色彩看似差不多，上色后发现还是不够准确。因此，需要临摹优秀的色彩作品，反复训练调色的技能，掌握7成之后，再进行静物写生就会顺利不少。色彩静物写生是色彩基础训练行之有效的方法，经过综合的基础训练，不仅提高调色的准确度，而且色彩感觉和艺术处理的能力也随之提高（见图1-8）。

图1-8　静物写生（水粉）　张捷　2003年

2. 色彩规律

无论水彩画还是水粉画都有各自一套表现的规律，尽管，两者都是用水作为媒介，但是，水彩不同于水粉，水彩画的纯度、明度直接在水作用下完成，画暗部的色彩，颜料不需要加太多的水稀释，要保持颜色一定的厚度，表现高纯度的色彩也是如此，初学者在画暗部时候，常常加水太多，暗部的色彩被水冲走了，变得很淡丢失明暗的对比效果。控制水分是学习水彩画的第一步，用水和用色直接影响色彩的空间效果。

在初学阶段，还要研究各种用笔的技法，如果是用毛笔画水彩画，学习毛笔中锋和侧锋用笔，以及大、小笔结合，干、湿笔结合的技法，不能用涂来涂去的方法，那样没有笔触变化，不好的用笔习惯既不自信又破坏画面效果。只有掌握了水彩画用笔的基本规律，才能逐步提高色彩的表现力（见图1-9）。

图1-9 唐三彩（水彩） 傅东黎 2003年

三、教学互动

每个单元的课堂练习都需要教学的互动，如果学生的作业能够在课堂上及时分析和讲解，让学生了解作业完成的好坏以及修改的方案，教师针对重难点要示范在先。写生时候，同学之间也可以相互看看，提提建设性意见。写生课上，一组静物，尝试用多种表现技法，充分理解和大胆尝试（见图1-10）。

图1-10　窗玻璃（水彩）利兹·多诺万

四、展览与竞赛

学习的积极性在于教师的课堂组织，学习的效率在于良好的学习气氛，学生作品的课堂点评、汇报展览以及竞赛是高效学习的催化剂，好作品受到大家的学习、借鉴和鼓励，如果教学班形成比学赶帮，学习效率就会更快更好。

第三节　培养方向

一、观念

每年迎接新生和送走毕业生时候，不免心生许多的感慨，尤其送走毕业生会产生更多的联想，当初我们的教学是否成功，走向工作岗位还记得那些表现技能。多年不画手会生疏不假，一旦掌握了是不会忘记的，不少回馈的信息还是让人欣慰。因为，审美从美术的课堂开始，从色彩课上开始，从水彩课开始。不管你学习的是建筑、环境艺术，还是园林景观，教学的观念不仅仅是色彩的技法，更多的是色彩的审美，无论你表现的具象还是个性十足的意象和抽象，它展现的画面都是从眼里到心灵的色彩世界。色彩课具有抽象的一面，没有想象力难以掌握色彩表现的要领，技法有限就像具象表现一样看得见，然而，彰显艺术的空间无限，学生需要形象思维观念上的更新，培养高远的审美情趣就更加重要。

二、技术

视觉艺术和其他艺术一样，没有技术的支撑是无法达到艺术的高度。水彩画是一门技术含金量比较高的课程，正因为这样，水彩画充满无限的魅力。完美的技术性表达往往带来成功的喜悦，掌握水彩画的多种表现技法就像选择多条路一样，它很具体，可以研究、感觉和操作，不要排斥，掌握并熟练应用它，相信过硬的功夫是成功的密钥（见图1-11）。

图1-11　摩尔西亚（水彩）　傅东黎　2014年

三、综合

任何的技法都不是单独存在的，如果不能恰到好处，便是综合运用的能力还不够灵活，艺术不是展现，更多是表现，不要把客观的真实当成艺术的真实，大胆的设计和创作，需要技法更需要即兴发挥和超常发挥。学习视觉艺术在于感觉和悟性，发散性的思维和强烈的自我表现是成功的前提。

第四节　教学时间与作业分配

一、第一学期教学计划课程表

教学模块	单元名称	教学内容	周/课时	作业量
基础模块	单色静物	水彩初步，熟悉水彩画具，完成两幅不同冷暖色彩的单色水彩静物	1周/5课时	4开1幅
	蔬果静物	学习用水彩表现蔬果静物的色彩关系，逐步掌握干湿画法的技巧	2周/10课时	4开2~4幅
	瓶罐	通过不同质地的瓶罐静物写生，掌握水彩画表现陶罐瓷器等不同质地的瓶罐结构，进一步学习用水彩塑造瓶罐的技法	2周/10课时	4开2~4幅
	衬布	通过不同色彩、质地的衬布写生，掌握水彩表现衬布结构的细节	1周/5课时	4开1~2幅
专业模块	石膏柱头檐板	水彩表现白色的物体有一定的难度，既要克服无色彩又要克服花乱。重点放在色彩感觉和训练的整体感	2周/10课时	4开2~4幅
	花卉	学习花卉的结构、空间、质感的表现，掌握干湿不同画法	2周/10课时	4开2~4幅
	色调练习	学习冷暖色调的组织、整合与表现	3周/15课时	4开3~6幅
	不同风情	各种中西不同风情的静物训练，提高识别感觉色彩、组织色调、综合表现水彩画的技巧	3周/15课时	4开3幅

二、第二学期教学计划课程表

教学模块	单元名称	教学内容	周/课时	作业量
建筑、环境、园林和景观专业水彩	自然风景	了解植物、树木、山水云石等水彩画法，逐步掌握水彩风景画的技法	2周/10课时	4开2~4幅
	园林风景	通过学习园林风景，掌握园林风景的造景、布局和风格。掌握如何表现园艺的画面意境	2周/10课时	4开2~4幅
	透视空间	透视的准确与否关系风景画的空间效果，不同视角的透视表现取得的不同的空间效果	2周/10课时	4开1~2幅
	建筑门窗	学习中西建筑的门窗、屋顶等建筑"零部件"的水彩表现技法	1周/5课时	4开1~2幅
	建筑立面	建筑的立面结构、环境的表现	1周/5课时	4开1~2幅
	建筑环境	建筑室内的环境、家具、透视空间	1周/5课时	4开1~2幅
	街景与景观	水彩表现街景的空间极具挑战性，既要有水彩的基础又要有良好的综合艺术处理的能力	2周/10课时	4开2~4幅

续表

教学模块	单元名称	教学内容	周/课时	作业量
创意色彩	色彩联想	通过听音乐，捕捉音乐的色彩形象，组织画面，通过色彩的冷暖、机理表现音乐的性格特征	2周/10课时	16开1幅 8开1幅
	综合材料	水彩、粉画除干湿技法外，还有一些特殊的肌理：撒盐，加浆糊，刮刀、抗水方法等	1周/5课时	4开2~4幅
	创作	用水彩表现具专题性、主题性的创作，学习水彩基本功与综合性结合的创作能力	2周/10课时	2开1幅
暑期美术实习	基地写生	综合运用一二年级所学的素描、速写、水彩、水粉等技法	2周/112课时	16开~4开20幅

第五节 作品的调整与修改

一、调整画面

写生过程中，画面有时受客观条件的限制，处理的方法不够完善，离开现场回到画室，即不受客观景象的束缚，又可以采用多种材料，经过画面的分析再调整，才能取得最佳效果（见图1-12-1和图1-12-2）。如何做到有效的提高画面效果呢？

图1-12-1 （水彩）傅东黎 2014年

图1-12-2 凡尔赛宫（水彩）傅东黎 2014年

1. 分析

要调整画面的效果，首先要知道哪些不够好需要调整，要调整的部分是采用哪种调整的技法进行修复，这就是分析画面，初学者一般这环节不太有经验，感觉画面不舒服有问题，但不清楚问题在哪，如果教师在可以及时解决问题，但是写生时教师不会总是在身后，要提高画面效果一定要加强分析画面的能力。

2. 主题

写生从构图开始已经决定了画面的主题和视觉中心，画面的色调以及结构的冷暖和空间一直围绕主题与中心，如果你前后空间关系的处理不一致，有两个主题方向，彼此不分主次和色彩强弱，那么画面不可能整体。你必须做出决定，通过色彩对比的强弱处理画面的视觉中心。

3. 空间

不论建筑风景画还是静物，在处理物体前后时，彼此建立的色彩关系会影响画面的空间感。如果前空间的物体与和后空间用的是一样的处理方法，不分虚实，那么空间的关系没有建立，画面感觉平平，也就失去画面的空间感。对此，加强前空间的色彩对比，塑造主体结构的色彩，减弱后空间的纯度和对比度，概括客体的结构造型，建立不同空间的虚实处理方法，调整前后空间艺术效果。

二、后期加工

户外写生受到时间、自然环境和画具等诸多方面的限制，平时写生课一般3小时左右，有时会来不及画完整，或者画完需要后期再作一些调整。在缺少客观条件依靠的情况下，直面画作首先要发现问题，其次发挥想象力，凭借感觉和经验作恰当的调整。初学者可以从小范围开始作一些修正。后期加工需要准备喷雾器、电吹风、美工刀、海绵、纸巾、废卡片、三角尺、软硬不同的排刷等。

1. 水彩画修改

水彩画写生一般不会画的太厚，由浅变深的修改比较方便，反之则不易。由深变浅的修改第一步是清洗，用狼毫笔或排刷，蘸水反复擦洗，注意不要用力过大，把颜料化开后停下，用纸巾吸掉脏颜色，颜色太深的部分不易完全洗净，要避免纸张破损。洗过之后，用干净的纸巾再次吸取水分，或者用电吹风吹干后再上色。修改的水彩的水分不宜太多，为了修改的色彩能够"无缝衔接"，调色的准确度是关键。如果受光部分画重了，尤其是高光处，就只能用白颜料或修正液覆盖。小面积的高光可以用美工刀小心挂掉，大面积色彩需要调整的时候，重色覆盖浅色比较容易，直接画上去即可。但是，调整大面积冷暖不同的色彩，还是先清洗之后再画比较好。在水彩画加工的时候，也采用写生时候常常用到的一些办法，比如在颜色未干时候用撒盐法、刮刀或笔杆刮等。另外，用抗水的油性和蜡性材料，预先画好位置后可以大胆上色，无需小心翼翼，高光的质感非常容易做到。图1-13《湖上》中的草和暗部树枝的高光是后期用美工刀刮的效果。图1-14《高原圣光》中天地间的纸片是画前用油画棒涂好，边缘要涂实，这样上色后无后顾之忧。

图1-13　湖上（水彩）　傅东黎　2005年

图1-14　高原圣光（色彩）　傅东黎　1990年

　　图1-15《风迹》是民居写生作品，后期在画室经过调整，主要办法是用三角尺遮挡住保留的画面不被刷到，一边用排刷洗一边衔接保留的效果，控制水和色的自然过渡。

图1-15　风迹（水彩）　傅东黎　2005年

江南雨水充沛，城市和乡村的桥很多，杭州市区内有许多知名的桥，大部分是石拱桥，比如京杭大运河上三孔的拱宸桥。各种石桥是风景写生的题材，尤其雨后平缓的石阶上泛着水光更加入画。图1-16的《晨雾》是周庄众多桥的写生之一，清晨白墙青瓦上，晨雾中夹杂炊烟，呈现迷迷蒙蒙的感觉，写生中听到船家摇过桥洞的桨声，带来无比的乐趣。《晨雾》后期也作了一些调整，石桥结构中的部分线条写生不够挺直，回到画室，用三角尺遮挡后拉直线，桥栏上的高光也用遮挡法清洗过，局部还用修正液提亮。

图1-16　晨雾（水彩）　傅东黎　2001年

图1-17《佛光》创作过程中，尝试使用了揉纸技巧，水彩纸比较厚，纸经过折揉留下凹凸机理效果，再上不同的色彩，使纸面的折痕具有大理石一般的天然效果。

2. 水粉画修改

水粉画在作画过程中一般采用的是厚画方法，修改时候为了防止颜色龟裂，太厚的地方还是清洗一下为好，当然，刚开始写生的时候，尽可能画的薄一点，因为有些颜料重叠之后会往上泛色，通常后覆盖的色彩比前次的更加厚，而且用笔还要干净利落，不能反复涂抹，以免修改的色彩无法"站住"。修改除了用水粉笔外还可以用调色刀直接调色和上色。

图1-18是一幅乡村的风景写生作品。明亮的小河、土路贯穿整个画面，与高大的树丛形成纵横对比。由于夏天阳光特别刺眼，路和水面的反光在浓郁的树荫对比之下，视觉中心更加突出。这是一幅水粉画材结合水彩薄画法的写生作品，水粉画与水彩画的写生次序正好相反，两者结合可以取得互补的效果，比如在深色的画面上塑造，既能刻画细节又非常便捷，画中最后树和草丛用粉绿调水粉白颜料完成。

图 1-17　佛光（水粉）　傅东黎　2014 年

图 1-18　清泉绿装（水粉）　傅东黎　2003 年

第二章　静物写生

　　静物写生是水彩教学的重要手段，其特点：学习时间短、成本低（时间和精力）和收效快。学生入门容易，提高迅速，是短平快的教学方式。建筑院校（系）和美术院校一样，普遍采用静物写生手段，加强初学者入门和提高的色彩教学。水彩静物对于初学者来讲从认识水彩画具、颜料开始，慢慢了解它的特性。从如何观察色彩到如何表现的普遍规律，从用笔用色的初级阶段到干湿自如掌控的水彩画技法，从色彩的基础造型到水彩画艺术表现个性的专业训练，静物水彩画训练具有时间控制感强，训练周期短，表现效果明显的特点。

第一节　单色

　　水彩的单色训练，好似用一种水彩颜料画素描。初学阶段，为了方便学习水分的控制，用深色的普兰、熟褐颜料画两幅单色稿。水彩静物写生，水分多少直接影响明暗的层次变化，个别同学胆子比较小画不深，画面总是淡淡的，原因出在用水和颜料的控制感比较差，没有掌握水分和颜料的比重。绘画的心理需要调整，如果开始学习有太多的禁锢，怕这怕那，不敢大胆尝试各种用水用色的色彩感觉，画前就已经"输了比赛"。在单色训练期间，目的是便于零基础的同学，刨去观察色彩纯度、色相和色性的要素，仅对明暗的差异进行观察和表现，这样，我们的注意力都集中在水彩画素描的明暗的层次上，等到能够控制水分之后，物体的结构和空间基本掌握，再开始全色的水彩静物写生。

一、暖色

　　水彩画是透明的画法，颜色用的比较薄，为了更好的强调水彩画的质感，从淡的色彩开始逐渐加深，这与水粉画和油画的顺序正好相反。水彩画以水为媒介，如果要浅淡、明亮的色彩，加适量的水即可，值得注意的是即使加同量的颜色和水分，在干湿不同状态下的作画，得到的效果是不一样的。原因就是水彩画的纸面做过一层胶，湿润的纸面上，色彩不能完全站住，刚上去的颜色随着湿润的画面晕开，甚至会无影无踪。这也是初学者感觉最困难的，水彩画正是因为干湿画法增加它的魅力。熟褐在暖色调当中颜色比较深，其色彩感觉比较稳定，无需加任何颜色，用它完成一幅单色水彩静物完全可以做到，效果有些像过期泛黄的老照片，别有一番滋味。暖色调当中，使用其他的任意一种颜色作单色训练，比如红色调、橙色调和黄色调，只是黄色比较淡，画暗部效果比较弱，空间的表现力受到一定的限制。

　　这幅暖色调的静物（见图2-1）橙色的衬布占画面的大部分，泡菜坛子和陶碗的固有色增加暖色调的效果，尽管菠萝叶上以及线毯上留有冷色的色彩，在表现画面的时候，可以将其调整色相，修正到暖绿色倾向。蓝色的线毯用红紫色，缩小冷暖的对比。我在写生这幅画的过程中，许多地方已经经过主观的艺术处理，保持整幅作品趋向暖色调。

二、冷色

　　在一套24色的水彩颜料当中，冷暖颜色是显而易见的，红、橙、黄——暖色；绿、蓝紫——冷色。初学者刚开始接触色彩的冷暖没有感觉，对画面中如何处理色彩的冷暖关系概念也不是很清楚，但是，

图2-1　暖色调的静物（水彩）　傅东黎　2003年

学习色彩，无论油画还是水粉、水彩，从现在就要开始建立认知色彩冷暖的体系，既要熟悉每一种颜色，又要知道色彩的冷暖关系。任何两种颜色放在一起，必须立马知道谁比谁冷（暖），冷暖是色彩的属性，在不同光线作用下，固有色、光源色和环境色都会发生相应变化。比如，天光是蓝白色的，受光部呈现偏冷的色彩，背光部分一般偏暖，但是，如果周围有冷色的环境色干扰，背光部色彩不一定是暖色，往往呈现出冷色的环境色。另外，画面的空间和色彩的冷暖也有关系，我们日常所见远处的青山，就是因为光的空间作用，近处的树和山上树本来都是绿色，但是空间的前后发生变化，远处树的固有色消失了，替代的是光源色。远处的色彩比近处的要冷，冷色较暖色有退后的作用。首次水彩静物写生最好不用全色，常用的办法是用普蓝颜色单色静物写生，注意力放在控制水和颜色的明度变化，了解加水稀释颜色后得到不同明度的素描效果，研究水彩静物写生用水用色的关系，掌握水彩画干湿画法的不同感觉。经过一两次的单色练习，再进行色调的训练，以便写生各环节的侧重点，循序渐进地展开训练，可以达到事半功倍的效果。

　　这幅《白玫瑰》是一幅冷色调的静物写生（见图2-2），蓝色的衬布、牛头和白色的玫瑰形成蓝白色的主色调，为了营造画面的冷色调，我在画黄色的秋葵和锦缎中暖色时候，控制暖色的纯度和色彩面积，没有让秋葵的暖色任其发展，尽可能降低橙色，将其统一到主色调当中。

图 2-2　白玫瑰（水彩）　傅东黎　2003 年

第二节　水彩静物写生

一、步骤

1. 用 2B 铅笔画好铅笔稿，包括构图、静物的基本形、衬布的大致结构等（见图 2-3-1）

可以交代明暗交界线，但是无需素描关系，力求简洁，准确，明快。确定静物的基本色调，铺设大块的基础色块。比如，背景的色彩、主体结构中大块的色彩以及衬布颜色。从浅淡逐步加深的作画顺序，这样的色彩容易叠加，色彩透明度好，深入刻画的过程容易出效果。反之，则会造成水彩的透明画法效果差，深色不易改亮，画面显得不够干净。

2. 建立主要物体的受光与背光的色彩关系，呈现画面的主题色彩（见图 2-3-2）

静物写生力求做到整体与局部的关系。如果，刚开始没有建立画面的整体色调，忙着寻找局部的色彩这样会导致不整体。确定色调之后，协调各物体局部的色彩与整体画面关系，画面色彩空会失去画面的色彩感觉。因此，需要控制和协调局部与整体的关系，不能顾此失彼。要进退自如，画一会局部的主体色彩之后，就要退出来作整体的观察和调整。密切注意两者的进展，尤其是细节部分，不宜过早刻画，适当留有余地。

图 2-3-1

图 2-3-2

3. 主体结构与周围环境的关系（见图2-3-3）

可能空间上"同盟军"，也可能空间上的前后对比关系，明确方向和目的，下笔的时候就不会犹豫，处理的效果相对会好点，作者如果自身是模糊的状态，没明确方向，也就无法交代各种色彩关系，比如，两者从位置上看前后差不多，但是有光线进入画面左右的关系，需要建立两者一定的先后空间关系，主体需要有所加强并带动周围的关系。主次的节奏变化、表现虚实有别、紧松结合，才能使整个画面慢慢的有序展开。

4. 深入刻画细节阶段（见图2-3-4）

静物各种器具、材质和体量的细节有所不同，要充分发挥素描的造型能力，观察细节的微妙变化，作最后的深入刻画。此阶段需要细心地观察和足够的耐心，不论技术还是艺术处理，调动艺术的想象力，克服躁动的情绪，综合各种绘画技法，完善画面的效果。无论空间层次还是静物的材质和光感，也许前面几个阶段花的时间总和还不如现阶段的多。在结束之前需要理性地慢慢脱离静物台的束缚，注意力集中到画面上，调整整体大效果。最后阶段画多想少画，分析画面的各种关系，梳理是否与当初的设计效果一致，局部有没有影响整体。如果感觉有些不舒服的地方，先用手挡住该区域的视线，确认与其他没有关系之后，再选择最佳的处理办法。

图2-3-3

图2-3-4 静物写生步骤（水彩） 方勇 2014年

二、色彩调性

不论静物、风景还是建筑物色彩写生，色彩调性是统一各局部于整体，引导画面各环节色彩冷暖处理的关键元素。因此，色彩写生时候，要做的第一件事就是感觉静物台上所有摆放的物体，包括衬布，它们色彩的冷暖关系，我们把它们的色彩归属为冷暖色调的哪一种。色彩调性分为鲜调、灰调、暖调和冷调等，其中多见的暖调有红调、黄调、棕色调、暖绿调；冷色调有蓝调、紫调和冷绿调。图2-4～图2-6是水彩静物写生中常见的几种色调。

三、结构与空间

水彩静物训练是成本最少的方法，对于初学者来讲时间和难度都是比较合适，教师在摆放静物时候已经考虑到学生的难易程度，有侧重的训练，或组织概括色彩，或深入细节塑造，是侧重结构还是侧重空间，这些事关学习的重点，摆放静物的时候都作了精心的安排。如果是蔬果静物写生，静物一般由酒瓶、大罐子和几个不同色彩的蔬果组合，观察静物之间的色彩，需要分析哪些是主体色彩，空间的色彩关系怎样，哪些结构和空间需要加强塑造，哪些只要概括处理。如果，画前针对这些问题，有一定的设计和安排，那么画的时候，就能很快找到整体与局部的关系，色彩的空间关系处理起来目的性也会很明确。水彩表现结构和空间的时候，要注意整体与局部的关系，塑造瓶罐的结构与空间都需要干湿交替进行。空间处理方法一般先用湿画法，即清水潮湿纸面后再上色，多见于表现远景和虚景。塑造主体结构，干画法比较多，通过调色直接上色。当然，任何艺术都不是绝对的，因作品内容、季节气候和静物的质感等诸多因素的变化而有所不同，瓶罐、蔬果等静物的塑造，常常具有丰富的色彩并需要水彩干湿画法交替进行，有时故意水迹水痕留在画面上，营造一种沧桑感。

图2-4 静物写生（水彩） B.A.基里瓦诺夫 1992年

图2-5 冷调静物（水彩） 刘涵一（二年级） 2014年

图2-6 暖调静物（水彩） 胡晓燕（二年级） 2014年

第三章　风景写生

经过静物水彩训练，掌握水彩画的作画步骤、调色、水分控制、干湿画法等，有一定的基础之后，走出画室到户外进行风景写生。水彩风景写生仅有静物写生的能力还不够，必须学习风景写生的技巧。比如风景画的意境对构图形式语言的要求；户外写生对空间的透视要求；风景画的韵味以及水彩风景表现力的要求等。一幅好的水彩风景画既有熟练表现语言又有人文绘画的意境。

第一节　画面经营

一、构图

面对自然风景，选择最佳角度及合理的画面布局关系到：主题的大小尺度；画面的视觉中心；远近的透视空间；色彩的节奏变化等。针对这些，画前需要缜密的考虑。动手之前必须反复比较，试着变化构图，寻找表现最佳画面的形式感。比如：水平形、三角形、S形和O形，不同构图的形式语言具有不同的视觉感受。

1. 水平形

用水平形的构图表现平静、辽阔、舒缓的意境。如达芬奇的作品《最后的晚餐》，画面呈现水平形，貌似平静的圣餐桌，两三个一组的人物形成动态的运动线形，以静制动的对比，主题的效果更加突出。《烟雨迷蒙》画面中，池塘、山与树统一在水平形的构图中，用湿画法，在天与山的浓色彩区域，使用趁画面湿的时候撒一点食盐的技法，表现三月江南烟雨迷蒙的意境，取得不错的色彩效果（见图3-1）。

图3-1　烟雨迷蒙（水彩）　王英健　1981年

2. 三角形

正三角形构图表现高大、宏伟、向上和稳定的视觉形象。德拉克罗瓦的《自由引导人民起来》、《梅杜萨之筏》以及拉斐尔的《圣母》，都采用三角形的构图。图3-2是典型的三角形构图，画面中心制高点塔尖与左右两边形成正三角形，轻描淡写的大笔排刷，以蓝紫的色调将其统一在气势宏伟的建筑中，灰暖色的屋顶和墙面在蓝色调中增加了色彩的动感。

图3-2　西式建筑（水彩）　Gustav Luttgens

3. S形表现委婉、优美、深远等情感的画面

一条蜿蜒的小路，在周边高大的环境对比下更加呈现婉约、幽远的感觉。《紫金港的秋水》近处的小船沿着岸柳通向远处的三孔桥，画面形成一条蜿蜒的S形曲线，望不到尽头的水面，增添了小船漫游空间的遐想(见图3-3)。

4. O形比较集中、凝聚、热闹等画面

图3-4的这幅《西湖》构图，整幅画面围绕桥展开，两边的岸柳与湖面、形成O形的构图，左边疏密变化的树干连接远景中苏堤上的桥和树，右边是茂盛的柳枝，左右两颗斜长的树起到围合画面中心的作用。为了更好突出O形构图，色彩上也进行了调整，周围处理比较暗，突出桥的造型以及画面中心。

好的构图不仅艺术的形式感很强，而且还能够把主题推向高潮。这些仅仅是单体的构图形式语言，大师的画面有许多是两个以上的复合型构图，这样的构图一般场面比较大，人物与主题的表现复杂，需要慢慢的仔细推敲才能设计好。初学者开始训练不妨每次写生的时候，先在画面的左（右）上角预先画一个小稿，或用手机拍几张不同的角度，选择最佳的构图，避免直接上正稿，以免留下遗憾。

图3-3 紫金港的秋水（水彩）
傅东黎 2013年

图3-4 西湖（水彩）傅东黎
2000年

二、透视

风景画远比静物的范围大，涉及的空间和环境复杂，风景写生是写实的画风，透视至关重要。风景写生，先确定视平线，坐的视线和站着画有高低差别，外加透视角度的不同，平视、仰视和俯视的透视线区别更加大。对此，选择画面的透视角度是关键。选择角度之后再确定画面的远近景、主体、环境、天地等位置，确定画面中是一点透视还是两点透视，整理同向的视高与灭点的位置，避免不看透视关系直接打形和定位。

1. 平行透视

平行透视也称为一点透视，比较容易掌握，其特点：一个立方体三组平行线，只有与画面垂直的一组交于一点（见图3-5）。比如例图古建筑素描，表现建筑和环境的空间、体量的时候，建筑重檐屋顶与画面平行，建筑的空间结构只有通过前后的立柱表现其建筑空间的透视效果（见图3-6）。

图3-5　紫金港天桥（摄影透视图）　唐玉田　2015年

图3-6　庐山别墅（水彩）　傅东黎　2014年

2. 成角透视

　　成角透视也叫两点透视，其特点：从一侧观察远、近建筑时，除了一组水平垂直外，还有其他两组平行线的透视消失在画面的左右两边（见图3-7和图3-8）。

图3-7 浙大图书馆（摄影透视图） 唐玉田 2015年

图3-8 圆明园（水彩） 傅东黎 1999年

3. 三点透视

高层建筑或者仰视、俯视的角度表现建筑时候，不难发现除了左右两侧透视外还有一组向上或向下的透视（见图3-9）。

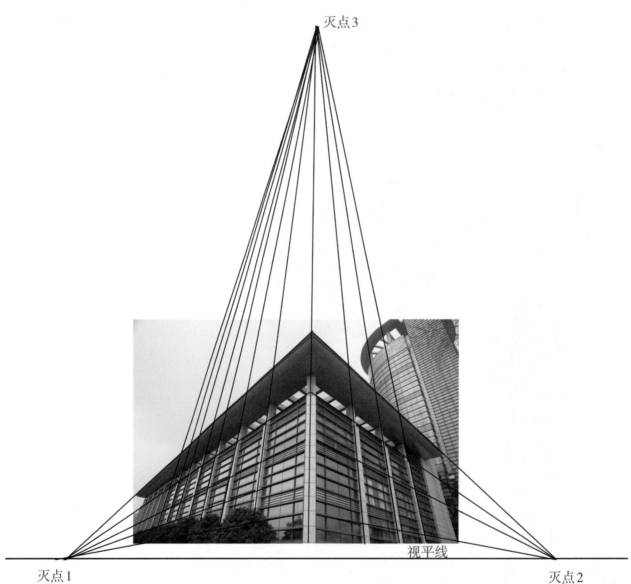

图3-9　浙大图书馆（摄影透视图）　唐玉田　2015年

4. 写生透视

在建筑写生过程中，为了正确的表现建筑的透视，需要建立整体、立体的观察方法，初学者不容易做到，往往前后写生的透视不一致，造成画面中建筑东倒西歪。对此，我们在画面的左右两侧设立两个灭点，建筑两侧的结构分别与此点建立透视关系。这样即使是素描、速写的快速表现时候，也不会出现严重的透视错误（见图3-10和图3-11）。

图3-10　青岛教堂（水彩）　傅东黎　2000年

图3-11　青岛花石楼（水彩）　傅东黎　1997年

第二节　植物

一、树的画法

1. 树干、树枝和树叶

树干是一棵树的骨架，树枝是支撑大树的基点，树叶是外在的衣裳。写生树，首先选择上述三方面较好的树，方便对树的色彩造型。户外众多的树群里，并非每棵树都具备三方面的优势，有的树叶浓密，完全遮挡树的枝干，这样的树在远景中没关系，但是在近处不行，为了深入表现树的结构和色彩，需要整理主干，再对枝进行加工，一般的处理方法是：先画出粗壮的主干，在1/2以上处建立枝杈，注意枝杈的长短、角度、疏密变化。初学者往往分辨不出来，需要放慢节奏，整理好结构。画好枝干再画树叶。画树的顺序不仅限这一种，也可以相反先摆放几笔树叶，用不同的色彩概括树叶的造型，包括色相、明度、冷暖以及纯度的色彩变化，观察、整理树的色彩和造型。此时的树没有树干、枝，仅有几笔不同的色块，不像树而是几块"补丁"而已。但是做好基础的纯度、色相和明暗光影效果，经过加工的树叶明确树的造型。比如，树的左右高低的造型、上下浓淡的色彩变化等。最后画树的枝干，撑起树叶，再调整衔接处和刻画一下细节（见图3-12~图3-14）。

2. 空间造型

自然风景有山有水，还有丰富的植被，它们的造型、色彩构成了如画的风景。树的空间造型是风景画中常见的内容，尽管相同的季节中树的色彩差别并不大，但是仔细观察远近的树木就会发现冷暖不同的空间色彩。同样的树由于空间不同，树的色彩有较大的区别。比如近景树的光源色和固有色比较明确，绿叶的色相和明度差别明显，树叶在光照下呈现黄绿、中绿、橄榄绿等色相，而远景的树却不同，树在光照下呈现粉绿色，色彩比近处的偏冷，并且随之空间距离加剧，光色替代了树原有的绿色，直至固有色消亡变成蓝色，远景的青山就是最好的佐证（见图3-15）。

图3-12　树的造型一
　　　　　（水彩）
傅东黎　2005年

图3-13　树的造型二（水彩）　傅东黎　2003年

图3-14　树的造型三（水彩）　傅东黎　2004年

图3-15 山路（水彩） 傅东黎 2014年

二、树的色彩

我国大江南北幅员辽阔，风景秀美，植物随着季节色彩变换万千，各种树种的不同色彩和造型，我们未必都能一一写生，但是几种有代表性的树需要掌握（见图3-16~图3-19）。

（1）季节性很强、冷暖色彩变化较大的树：枫树、水杉树、胡桐树等。

（2）风景画中经常出现的树：岸柳、雪松、香樟树等。

（3）庭院中的树：柏树、芭蕉、竹子等。

图3-16 庐山N号别墅（水彩） 傅东黎 2014年

图3-17 西山路（水彩） 傅东黎 2005年

图3-18　庐山（水彩）　傅东黎　2014年

图3-19　秋来（水彩）　傅东黎　2000年

第三节　环境

一、天地

风景画写生时候，不论晴天还是阴天，先观察天地的色彩关系并表现。当然，也可以不按照客观的色彩关系画，只要画面处理的效果好。在雷雨前，天色很暗，地面色彩非常亮；在夏天，强光的地面与影子的反差非常大，固有色被光源色替代，呈现蓝紫色；在大海边，晚霞中，天地的色彩是风景画重要的"角色"。

西湖四季的景色变化很大，《西泠桥》（见图3-20）写生时候春天还没有到来，高大的胡桐树还没有长出新叶。十米多高的胡桐树，在天空中密集伸展的树枝，走在胡桐树下更显得空间很高，比较之下西泠桥显得低矮。这幅《西泠桥》左右构图正好利用桥身的线条作对比，色块的分割比较有节奏变化，柳树和草坪呼应，配上小径和游客，画面灵动又舒展。

图3-20　西泠桥（水彩）　傅东黎　2003年

1. 云彩

画中的云分为白云和彩云（云霞），白云的画法在本书第2页有过介绍，彩云的画法较多处理的是：云的厚度和其边缘与天的关系，彩云的造型是根据画面的空间大小设计的，恰当考虑彩云与天边的远近关系，什么样的云彩能够突出画面的意境，风景画中的云不仅仅只是一片云那么简单，需要作画的时候，作恰当的设计和表现，比如，云的造型、疏密的节奏、空间透视、冷暖的色彩等。

《暮色》（见图3-21）是一幅西式建筑风景画，画的过程中逐渐定义出暮色苍茫的天空下面，建筑沉睡在暗调的暮色下面，几乎只剩下建筑的体块和轮廓。天边的尽头微微泛亮，以示夜幕即将拉开，水中的倒影除了游船与建筑的灯光都统一到暮色之中，画面的主题也就清晰起来。

图3-21　暮色（水彩）　傅东黎　2011年

2. 地面

地面的造型相对比较简单，但是地面的透视线往往没有画好，丢分较多。一般地面的造型需要注意以下几点：

（1）构图时候，根据风景画的意境和效果设计视平线的高低，确定地面的基本型（见图3-22）。

图3-22　夕阳（水彩）　傅东黎　2004年

（2）根据透视，先画无透视地面上的路、石板（块），再画有透视的结构，以免透视线出现失误（见图3-23）。

（3）地面包括草坪，如果面积偏大，就近设计一些光影效果的色彩，比如，斜阳中树、建筑物影子等（见图3-24）。

图3-23　荷风（水彩）　傅东黎　2002年

图3-24　植物园（水彩）　王蔚　1992年

二、水

水彩风景写生，表现水的场景比较多，如：弯弯的小河、湖光山色等，有静态的还有涟漪的，这些事关水面的造型与色彩，对初学者有一定的难度，需要作不同的练习。

1. 倒影

水是无色，水的色彩主要源于天色、岸上的建筑物和树木的色彩。水的色彩变化是风的缘故，平静的水面，岸上、下的色彩对齐即可，色彩变化不是很大，岸上稍微亮一点，水中稍暗、灰一点。处理较大的水面，远处的水较近处的亮，近处呈现深蓝紫色（见图3-25）。

图3-25 水印（水彩）

傅东黎 1999年

2. 涟漪

风过水面泛起涟漪，尤其逆光的水面，波光粼粼，暗色和亮色反差较大，初学者不太容易抓住涟漪的造型，尤其是早晚霞光中的水面，色彩变化非常丰富，比较难画。另外，水面浓郁的树影与天光接壤处，波光呈现明暗穿插的造型，既要留好空白的高光造型又要连接倒影的造型（见图3-26）。

图3-26 小船（水彩）

傅东黎 2004年

Architecture Color

三、石

1. 大山石与毛石

无论是大山石还是河边的湖石，在青苔和爬藤等植物簇拥下，色彩纷呈，有些近处的石头因藤蔓、青苔呈现绿色，墙体的毛石呈现或黑或灰绿等色彩不一，石块的大小变化其形态万千，没有统一的画法，可以根据画面空间的需要作色彩的调整（见图3-27）。

图3-27　山石（水彩）
傅东黎　2014年

2. 砖石与石板

路面的石板还有墙体上的砖石色彩呈现的冷暖变化不一，红砖还是青砖的冷暖相差甚远，就红砖的颜色也分朱红和紫红两种不同冷暖的色彩。砖石不论在墙体中还是地面上，都无需一块一块的画，先画好大片冷暖、色相不同的几块色彩，再根据需要作一些砖块局部的造型，刻画细节只要有砖块的感觉即可，无需每块都一一刻画（见图3-28和图3-29）。

图3-28　宏村（钢笔水彩）
傅东黎　2009年

图 3-29 石桥（水彩） 傅东黎 2001年

第四节 园林与建筑

一、古建筑

1. 建筑屋顶

中国山水画中深山藏寺是较常见的题材，现代的绘画中也有，水彩风景画也一样，这是老百姓喜闻乐见的题材。古建筑在这类风景画中，有远景表现也有近景表现，远景的建筑物几乎只剩下建筑的屋顶造型，尽管建筑立面省去了，但是通过屋顶的结构、造型可以判断建筑的透视方向和建筑的体量大小，因此，屋顶乃是中国古建筑的主要构件，除了屋顶准确的透视线外还要注意以下几方面：

（1）瓦当的横向排列与檐口、飞檐的水平透视，包括瓦片纵向的透视与尺度，无透视的先画。飞檐的透视角度、高度也事关屋顶的结构准确（见图3-30）。

（2）檐口与立面的明暗关系。加强檐口和瓦当的细节刻画，通过光线照在檐口处与墙体立面的明暗差别，强化建筑屋顶立体空间的色彩效果（见图3-31）。

（3）先画受光屋顶的基础色，再干画方法画上瓦片，并非全部都画。

2. 柱梁

画近景的古建筑，需要柱梁的色彩变化，表现建筑的前后空间。初学者画柱梁不太善于观察户外光线的变化，即使是差别不大的一小部分，也需要加强空间的理解和主观处理的意识。因为对于光色的虚实处理具有强化空间的效果，不能平面的画柱梁，要突出空间，必须把柱梁前后、上下的色彩拉开对比，这样能够较好表现建筑物的空间距离（见图3-32和图3-33）。

图3-30 故宫（水彩） 傅东黎 1993年

图3-31 紫金港的亭子（水彩） 周轶帆（二年级） 2014年

图3-32 石亭（水彩） 傅东黎 2002年

图3-33 春光满园（水彩） 傅东黎 2000年

二、景观

1. 雕塑

随着城市化进程的发展，国内城市街景、公园和社区有许多景观雕塑，它与周围环境组成良好的空间效果，也是风景画表现的题材。景观雕塑的体量或许不是很大，色彩或许也不是那么漂亮，但是它与周围环境形成良好的氛围，在晨曦中或逆光下，给画面增添许多趣味，通过它的光色变化，描绘它在画面中的效果（见图3-34）。

图3-34　广场雕塑（水彩）　傅东黎　2010年

2. 桥梁

江南雨水充沛，河道纵横，大大小小的桥无数，有石拱桥、有双孔桥，有小巧玲珑的，也有壮观的和大气势的。江南江北喜欢桥的不少，画桥自然充满乐趣。护栏、石阶组成桥的主要结构，为了加强桥的色彩变化，一般就石阶的平面画成明亮的受光色，对比之下，立面呈现背光的暗色，再把护栏画出遮挡的影子，虽然桥身石块的色彩比较相近，但是，历史悠久的石桥，桥身的色相还是有些差别，需要刻画石阶的细节，表现历经沧桑的质感（见图3-35和图3-36）。

三、人物与交通

1. 人物

"风景如画"、"人在画中游"是描绘好风景的一个侧面，画中漫步的人物一般处理在远景，起衬拖画面的作用。人物虽小，其肢体语言、男女性别、人体比例和衣着颜色都不能轻视。

2. 车辆

车辆算是一种道具，在风景画中所占的空间面积比人物大一点，一般掌握车辆的正面和全侧面两个角度，车的高度与人的比例关系以及车身的颜色。近景的车辆还需要交代车窗玻璃的高光、投影等质感（见图3-37和图3-38）。

图 3-35　曲院风荷（水彩）　傅东黎　1999 年

图 3-36　靠岸（水彩）　傅东黎　1999 年

图3-37 红屋顶（水彩） 傅东黎 1999年

图3-38 米兰（水彩） 傅东黎 2013年

第五节　风景写生步骤

1. 铅笔打稿，简单画出构图、透视、天地、主体与环境等。确定色调，紧接着用湿画法画好天空，塑造云彩（见图3-39-1）。

2. 建立画面主体结构的色块，包括明暗大色块的对比（见图3-39-2）。

3. 带动主体周围的环境与空间，风景画画中有不少的树木，区别空间前后，各类植物的造型需要花时间塑造。图中左右树的结构和空间有所区别，树下的植物与地面的关系，做到先整体再具体（图3-39-3）。

4. 深入刻画主题，强化立体空间效果和主体结构的细节（包括人物、车辆），画面中心的光影和质感。调整画面的整体效果，完善空间和画面细节（见图3-39-4）。

图3-39-1

图3-39-2

图 3-39-3

图 3-39-4

第四章 建筑水彩画

建筑水彩画主要是建筑风景写生和建筑画的表现。表现对象以建筑环境为主，主要针对从事建筑、环境艺术、园林、景观专业学习的同学，在大学一二年级，有大量的建筑风景写生训练，大致分民居、古建筑、西洋建筑和现代建筑几类，虽然表现的建筑形式有所不同，总的建筑结构和建筑空间的处理是相似的。

第一节 西式建筑

一、整体与局部

绘画初期的阶段是整体观察和设计的关键，调好几块颜色，用大笔迅速建立基本的框架，无需考虑太多的结构和细节，初学者往往难以驾驭，绘画方法不对，总想画出丰富的结构和漂亮的色彩，造成画面比较零乱不够整体。应该放弃一些结构细节，回到整体画面考虑，建筑的立面有几块主要的色彩构成空间，先概括一下体面关系，再检查空间是否合理，然后作深入刻画（见图4-1）。

图4-1 圣多明各修道院（水彩） 傅东黎 2014年

　　西式建筑造型比较丰富，建筑的结构也比较漂亮，画过中式建筑之后再画西式建筑比较顺利，不要一开始就画难度较大的建筑，可以从西式建筑的局部开始，逐步放开建筑的体量和空间。一般先画门窗类的小品，比如建筑的入口处，带有门窗结构的建筑局部，从入口处的台阶到门窗的色彩造型和空间处理（见图4-2）。《格林纳达》（见图4-3）铅笔稿打好后，概括画面中大块建筑的色块，天地与建筑墙体等色彩，梳理色调、明度、纯度和色相的空间关系，不要在意细节，调色和用笔比较大块，建立和营造画面的色彩构成和空间结构，明确主题与客体的关系，尽可能把大框架搭好。《石阶》是庐山小别墅入口写生，用钢笔简单画出构图后，分别用几个不同的色块对建筑墙体、门厅和环境作出交代，小径连接地面，与树投影到的墙体连成一体，灰色的植物造型衬托白色的建筑门厅，台阶留一点高光，人物拾阶而下的设计，与小径形成联想（见图4-4和图4-5）。建筑风景写生不同于静物写生，眼前许多风景需要作者敏锐的捕捉，初学者缺少写生的经验，从构图的形式感到点题需要精心的设计，写生的过程不是一味模仿，要打开思路，改变现实世界乏味无序的结构和色彩，插上想象的翅膀，提升写生的质感。

图4-2　建筑色块（水彩）　傅东黎　2014年

图4-3　格林纳达（水彩）　傅东黎　2013年

图4-4　石阶（水彩）　傅东黎　2014年

图4-5　山路（水彩）　傅东黎　2014年

1. 门窗

了解门窗首先从它的尺度、结构、色彩和空间着手，建筑的门窗因建筑风格的不同其造型各具特色，中世纪的区别于维多利亚的，西班牙的区别于法国的，南美的区别于欧美的等，对此，我们分门别类地了解一下它们的特点，大致区别不同类型的门窗作重点训练。门窗的结构分为弧形和方形，材质有木质、玻璃和铁艺，门窗上有门楣、窗楣的厚度，阳光下呈现一定的明暗差别。打开的门窗，色彩有一定变化，门窗的表面在强光的照射下，呈现明亮的光源色和固有色，光滑的玻璃不具备吸光的作用，反光明显。关闭的门窗，室内很暗，因此，门窗的色彩的反差度很大，色彩的表现层次比较丰富（见图4-6）。

图4-6　建筑门窗（水彩）GUSTAV LUTTGENS　1829年

2. 屋顶

西式建筑屋顶的造型有罗马式和哥特式，现代建筑有平屋顶和坡屋顶，屋顶的色彩一般暖色较冷色多，坡屋顶和平屋顶在阳光下空间的色彩变化较大，在阳光下近景呈红色的屋顶，在远景中逐渐变淡变灰。罗马式和哥特式的建筑屋顶，左右面受阳光的影响比较多，容易表现屋顶立体的色彩效果。

二、建筑立面

1. 立面造型

建筑立面分平面和立体两部分。建筑的平面较立面的结构和空间变化相对较小，重点在墙体、门窗、材质、结构和造型上。西式建筑墙体的结构比较丰富，具凹凸起伏的变化，材质上有山石、清水、砖石等，门窗的造型和色彩较中式建筑丰富。水彩表现这些墙体要注意干湿穿插画法的特点，大面积墙体用湿画法比较快，门窗和材质干画法比较容易抓结构。

2. 立面空间

建筑的45度角具两个建筑立面，其建筑空间和色彩变化较大。首先，处理两个建筑立面的空间关系，如果两个立面都处在相同的光线，立体感不容易出现，需要主观的调整。两个建筑立面经过一明一暗空间对比之后，再各自塑造立面的门窗、墙体的结构和色彩关系（见图4-7）。重点是处理两个建筑立面的上下左右的空间关系，由于主题和空间的需要，有时对比强烈有时对比减弱，初学者关注重点，不要左右平均刻画门窗和墙体，也不要上下平均处理墙体的立面。

图4-7　巴黎圣母院（水彩）　傅东黎　2014年

第二节　中国民居

　　中国民居的建筑非常别致，粉墙黛瓦、依山傍水、小桥流水人家，都是描写民居的特色和环境的，无论我们穿梭在徽派建筑的小巷里还是乘坐在周庄的小船上，中国的民居建筑让生活在城市里的人们陶醉。每年来民居写生的人络绎不绝，画小桥、画流水、画人家无比享受。通过画民居我们能够感受村落小巷的古韵，画粉墙黛瓦我们同样需要慢节奏，呼吸江南三月春的湿润，感受过更加能够体会画面的意境（见图4-8）。

图4-8　水乡——周庄（水彩）　傅东黎　2000年

第三节　现代建筑

　　水彩写生中的现代建筑分为民用与公用建筑，一般先在校园写生，然后画城市街景。校园中有宿舍、教学楼、行政楼、体育馆和科学馆等。现代建筑简洁的线条，明快的造型，使城市街景的色彩更加丰富。校园也是建筑风景写生中最为便捷、有效的写生场所。常见的画面有幽静的小路，河边高耸的教学楼，秋天树下的景观等。

图4-9　缆车（水彩）　玛丽莲·希曼德

第四节　建筑风景写生步骤

1. 铅笔打稿，画出近远景的构图布局，画好余角透视，包括建筑门窗的透视。建筑的空间和环境需要一定的节奏感（见图4-10-1）。

2. 确定色调，画出画面大块的色彩，包括天空、地面、环境（见图4-10-2）。

3. 摆放近景建筑物的色彩，调整远近的空间色彩（见图4-10-3）。

4. 深入刻画主体建筑和画面中心，门窗和墙体的色彩层次（见图4-10-4）。

5. 表现主体建筑的细节，包括门窗、墙体的结构与空间体量（见图4-10-5）。

图4-10-1

图4-10-2

图4-10-3

图4-10-4

图4-10-5　建筑风景写生（水彩）　傅东黎　2014年

图4-11-1　建筑风景（水彩）　傅东黎　2014年

图4-11-2　建筑风景（水彩）　傅东黎　2014年

图4-11-3　建筑风景（水彩）　傅东黎　2014年

第五章　不透明画法

第一节　水粉画

　　水粉画与水彩画虽然两者都以水为媒介，但是画出来的质感和效果差别很大，从调色到作画步骤也有很大区别。水粉画是粉质的颜料，是不透明的画法。水粉没有干湿画法，每次的色彩都是调好后直接画上去，类似干画法。后上色的要比先上色的厚一点，这样才能够覆盖住，不然色彩不容易表现出来。水粉笔较水彩笔硬，用笔方法与水彩画不同，和油画比较相似，常见的有摆笔、点笔、揉笔、扫笔、刷笔等，笔触的力度大于水彩画，纸张一般用铅画纸、素描纸和水粉纸皆可（见图5-1）。

图5-1　静物写生（水粉）　李玮玮（一年级）　2005年

一、水粉质感

水粉画由材料决定其如同"天鹅绒"一般的水粉质感，调色常见在颜料中加白颜料，调成各种漂亮的"高级灰"。尽管粉味是水粉画的品质，但是，不能恰到好处用"白粉"，没有把握好纯度和明度的节奏感，就会"粉气"，色彩不到位既不漂亮又觉得软弱无力。对此，画面处理高纯度、明度层次变化的时候，一定控制"粉味"。水粉画的粉味是一把双刃剑，同样的用色在丙烯和油画材料中的表现就不会如此。

二、水粉静物

水粉静物是美术学院的色彩基础课，它属于造型和设计专业的基础课。与素描静物不同，水粉静物是用色彩表现的，水粉画教学主要环节围绕色调、造型、材质展开训练，培养色彩的造型、塑造和艺术处理的能力，通过水粉静物写生，提高色彩的感觉、表现力和艺术素养。

1. 色调练习

色调是组成画面的灵魂。首先，确定一幅静物或者建筑风景是怎样的一种色彩感觉，主要色块和周围空间所形成的色彩感觉是暖调还是冷调，是纯调还是灰调，是暖灰调还是冷灰调，是亮调子还是暗调子，总之，在较短的时间内概括画面几块大色彩，但不作具体的结构塑造，掌握色调的差别，把握画面整体的色彩倾向，处理各色彩之间冷暖、虚实关系。见图5-2的《静物写生》，整幅画较好地把握了灰色调，黄色的衬布、橘子、砂锅以及罐子的各固有色调不同程度的混入了白色颜料，其目的在于控制饱和度，白色的衬布与环境的主体色彩相统一，色彩空间和画面色调的对比力求统一在偏冷的灰色调之中。

图5-2　静物写生（水粉）　傅东黎（一年级）　1984年

2.写生案例分析

（1）粉气

为了达到水粉画的质感，表现出各种漂亮的色调，需要用白颜料调色，掌握水粉画的要领，合理的使用白色颜料调成各种纯度、明度、色相和冷暖差别的色彩，在不失整体的前提下，水粉静物就比较完整表现静物的结构和空间效果。然而，初学者不太分得清主次关系和前后空间中应使用不同纯度、明度、冷暖的色彩关系，一旦平均对待，不分场合和主次关系，滥用白色颜料，往往出现粉气的感觉。对此类弊病，需要区别前后空间处理，减少暗部用白颜料的量，控制好明度的色彩层次，加强明暗、纯度的对比，建立有序的空间色彩关系（见图5-3~图5-5）。

图5-3 菊香（水粉） 佚名（一年级） 1998年

图5-4 静物写生（水粉） 林抗抗 2005年

图5-5 双喜（水粉） 傅东黎 1984年

（2）灰

"灰"也是不整体的表现方法所致的弊病。初学者控制纯度变化的能力不够，画面上有多种纯度的色彩关系，一旦掌握不好，理解和表现过于简单化或观察色彩关系和调色的能力不够好，也往往出现整个画面发"灰"。对此类弊病，提高纯度的识别能力，加强调色水准，整合画面表现力，克服"灰"的毛病（见图5-6）。

三、水粉风景

无论江南绵绵的细雨还是秋风深处金黄的秋叶，当我们坐在美丽的风景画前，挥动着水粉画笔，如醉如痴地陶醉在风景写生中会很享受。水粉画虽然与油画不同，但是，在许多方面两者是非常相似的，相比较而言，水粉画更容易掌握，无论调色还是修改方面，水粉画都更加便捷。

1. 植物

植物是构成风景画重要的元素。户外写生，我们常常碰到这样的情况，深秋里如果你沿着西湖边走在高大的法国梧桐树下，放眼望去开阔的湖面倒影着小船，也许你也会和我一样，被美景深深吸引。近景由几棵橙色的树构成，形成漂亮的风景画的就是那些被秋染红的梧桐树。西湖的美景，总绕不开倒影在四季变换的水中色彩。

图5-6　歙县（水粉）　丁向东（二年级）　1991年

开始风景画，初学者从植物、天地、建筑墙面着手，观察固有色、光源色和环境色的变化。比如：绿色植物在受光、背光不同的区域其色彩的冷暖、色相存在差异。白天日光下树叶比背光的冷一点，建筑屋檐下的色彩比屋顶的色彩要偏暖和偏暗（早晚的色彩除外）。一排四五棵树，首先要分辨不同色彩的部分，这棵偏黄那棵偏黄绿等。画一群树的时候，要塑造各种树的色彩造型和色彩空间。水粉风景写生，训练的侧重点放在户外光色、空间塑造的捕捉能力、概括、整理和处理色彩的能力。同学们应克服照搬自然色彩，或者用颜料画成"素描式的色彩"。通过写生，建立色彩写生的机制，学习色彩的理论知识，提高色彩的感觉和艺术表现力。找准结构中受光与背光的色彩差异，从树干的光斑和质感中寻找色彩的变化（见图5-7和图5-8）。

图5-7 梦里故乡（水粉）
万吉平（二年级） 2013年

图5-8 校园胡桐（水粉） 佚名

2. 水粉风景写生

无论静物还是建筑风景画写生，对结构的空间造型和塑造是必需的。处理空间关系的时候，要把握整体的观念，建立局部服从整体的意识。第一空间的主体，要保持其结构完整和鲜明的视觉感，客体在后，空间或画面的边缘出镜时不能"抢镜"，反之则会使画面的效果不理想。初学者容易平均主义，往往出现主次的空间颠倒、琐碎等弊病。因此，在空间的艺术处理方面需力争做到：

（1）建立整体观察的观念，树立画面的主体中心的意识。

（2）区别主次空间的表现手段，主体空间的结构是第一要素。结构层次表现清楚、完整，勤观察多对比（见图5-9）。

图5-9 运沙船（水粉） 佚名

3. 笔触

绘画的工具不同，表现画面的方法有些区别，有小笔画大画的，也有大笔画小画的，用笔有轻重缓急表现，画面的表现风格也有细腻、粗狂、奔放等风格之别，无论哪种用笔，一切源于画者的内心世界，笔触只是外化的结果（见图5-10）。

4. 光感

画面需要借助光感来表现结构的主次、透视的远近、上下前后的空间等。无论画前的观察还是调整大效果的阶段，哪怕是阴天，我们也需要分析光源，寻找受光与背光部分的冷暖差别、明暗的差别，这样有助于表现画面的色彩层次。不然，画面往往会出现无对比的情形，表现得平和灰（见图5-11）。

图5-10 运河岸边（水粉） 杨胜 1996年

图5-11 六和塔（水粉） 方峰（二年级） 1992年

第二节　综合技法

建筑色彩不论用透明或不透明的画法，不论用水彩、水粉、丙烯还是彩铅别的材料或画具，使用两者还是多重的技法结合，只要画面处理的好都可以。平时的色彩训练，大家对各种材料都需要尝试，尤其是多种材料相结合的技法值得研究和探索。本章节会特别介绍一下钢笔淡彩和马克笔的画法。

一、钢笔淡彩

钢笔淡彩是钢笔结合水彩的一种画法，它不同于水彩画，既要强调基础的钢笔画又要重视水彩画的色彩感觉，一般放在色彩阶段学习比较容易掌握。在画钢笔基础稿的时候不要画的太多，画出建筑、静物和风景的主要结构即可，无需画上明暗层次，尤其是画建筑风景时，抓建筑的主要结构，色调、空间和材质放在后面上水彩时强调，钢笔的线条可以粗犷一些。上水彩时候，避免填空的画法，使用毛笔的用笔技巧，比如画石材类、粗糙的树皮以及地面等用枯笔，画天空、草地和树叶可以借用水彩画的湿画法。另外，画的纸张最好是水彩纸，这样处理干湿画法比较有效果。

图5-12~图5-20是一组安徽宏村古民居的钢笔淡彩，用水彩画在普通的速写本上，由于是夏天，气候比较干燥，需要小部分的画，画前还要上清水湿纸，用毛笔上色时注意不同大小的用笔，保持水彩一定的纯度。考虑到色彩干后的钢笔线条的显现，色彩不易画的太厚。

夏日午后，阳光非常强烈，在处理建筑与地面关系的时候，要借助投影与白墙的色彩对比关系，使主要建筑物被包围在浓郁的色调当中，突出路的空间透视和徽派建筑的特色（见图5-13）。

图5-12　马头墙（钢笔淡彩）　傅东黎　2009年

图5-13　午后（钢笔淡彩）　傅东黎　2009年

图5-14　天井（钢笔淡彩）　傅东黎　2009年

图5-15 傍晚（钢笔淡彩） 傅东黎 2009年

图5-16 笑春风（钢笔淡彩） 傅东黎 2009年

图5-17　六角亭（钢笔淡彩）
傅东黎　2009年

图5-18　山（钢笔淡彩）
傅东黎　2009年

图5-19　紫金港（钢笔淡彩）　傅东黎　2013年

图5-20　竹筏（钢笔淡彩）　傅东黎　2009年

二、钢笔马克笔结合

马克笔是近年来为大家常用的建筑快速手绘的工具，马克笔的技法丰富了钢笔淡彩的技法，其特点为干净、快速、有效、便于携带也容易掌握，在考研、考博以及做快题时常用。钢笔结合马克笔能够发挥各自优势，如果建筑钢笔画已经很熟练，钢笔的造型表现会比较明快和确定，易于表现建筑的结构、空间层次，马克笔有宽笔头也有细笔头，宽的一面着色快，色彩的纯度高，处理空间关系容易出效果（见图5-21）。

图5-21　花园餐厅（马克笔）　傅东黎　2014年

1. 单色钢笔马克笔

为了尽快熟悉马克笔的用笔方法，可以先不考虑色彩关系，只要用两三种灰色马克笔，明度层次清晰，达到让建筑快速出空间立体的训练效果即可（见图5-22）。

2. 钢笔结合多色马克笔

运用多色马克笔在塑造色调时的表现非常强烈，色彩的关系比较有节奏。现在市面上能够买到的马克笔色彩很丰富，由于马克笔的纯度比较高，主要处理冷暖关系，不要过于强调颜色的丰富从而破坏了色彩和调子的平衡，以免"花"、"乱"和"媚俗"（见图5-23）。

三、马克笔设计稿

图5-24是浙江大学建筑工程学院的安中楼，大楼已经交付使用，建筑外观整体设计美观，简洁、厚重、儒雅。大厅一直没有内饰，浙大师生借SRTTP大学生科学研创之机，有意将大厅的功能和装饰完善一下（见图5-24和图5-25）。图5-26~图5-28是用钢笔结合马克笔、彩铅手绘的设计稿。

图5-22 苏州美术馆（马克笔） 傅东黎 2013年

图5-23 红泥（马克笔） 傅东黎 2014年

图 5-24　安中楼大厅设计稿（马克笔、彩铅）　傅东黎　2013年

图 5-25　安中楼大厅设计稿（钢笔彩铅）　傅东黎　2013年

图5-26　西溪度假酒店（马克笔）　傅东黎　2013年

图5-27　浙江大学紫金港（马克笔）　傅东黎　2014年

图5-28　佛罗伦萨（马克笔）　傅东黎　2014年

第六章　习作解析

　　学生完成作业后及时得到教师分析、点评这一环节非常重要，为了教学计划能够顺利的进展，条件允许的情况下，每次作业都需要教师点评。反之，如果学生的作业不能得到分析和点评，会影响学生的进展以及下个单元的教学。

第一节　水分控制

　　水彩静物写生的初期难点是水的控制，这也是每位学习水彩画的重点。（见图6-1）初学者画水彩普遍存在的问题是不能有效控制水量，究竟水量多少能够较好地建立色彩呢？直接回答不够确切，因为具体的水量是根据季节、气温、室内外以及纸面的干湿情况而定，概括起来一般会出现两种情况：

图6-1　罗马那一天（水彩）　傅东黎　2014年

1. 水分过多

水量调多了色彩会变浅，每多调一点水，色彩饱和度就会多丢一分，过多的水冲掉了应有的色彩。浅的色彩放在受光部位没有问题，放在暗部或中间色带则不行，画面的明度和纯度缺少层次，会影响结构和空间。解决此类问题，最直接的办法是减少水量，或多加一些颜料，如果都行不通，一定是纸面的水太多，马上用海绵、纸巾吸掉，等晾干一点后（可使用电吹风）再画。夏季和阳光下作画需要比平时多加一些水量，来不及完成大面积的色彩绘画就只在局部湿纸。阴雨天或室内作画湿纸需特别控制水量，如果发现画面无晕色效果，需再用喷雾器或者排刷湿纸，补充适量的水分。

2. 水分过少

夏天或者在阳光下写生，空气干燥，刚湿过的纸面上水分很快就蒸发，往往水分太少画不出水彩画的韵味。对此，采取局部湿纸和画前湿纸的办法，喷雾器（可使用用完的香水瓶）或1～2寸的排刷湿纸，然后再上色彩。第二个办法，调色时候加大水量，尤其是在干的纸面上作画，水彩纸上有一层胶，同样的颜色画在干湿不同的纸面上效果不一样。

第二节　临摹

写生之前，同学们缺少画水彩的经验，包括观察、调色和处理，首先应该解决的问题是调色的能力，临摹优秀的水彩画作品可以迅速提高调色的能力，其次，也可学习水彩画大家的艺术处理的方法，比如：色块的对比，结构的色彩层次，画面的空间，丰富的笔触等（见图6-2）。

图6-2　光阴（水彩）　傅东黎　2014年

写生之前临摹范画是一条学习的捷径。如何选择临摹的范画需要结合自己的实际情况。初级阶段的临摹主要是解决调色的准确度，初学者刚开始学色彩，不管是水彩还是水粉都有调色困难的问题，对此，通过临摹示范作品，学习表现结构和空间时的色彩变化和对比效果。中期阶段的临摹目的是学习如何进行画面的艺术处理，主次空间的色彩是如何经过主观加工的，怎样运用色彩三要素达到画面的整体效果。后期临摹阶段是学习色彩的表现语言和风格，比如：大师的笔触，色块的结构，画面的调整等等综合性的感觉，学习技术和艺术的统一，提高自己的艺术修养。在临摹的不同阶段，被选的范画一定在自己能够胜任或相应的难度，谨防无目的盲目临摹。尤其自学色彩的同学，不要一味临摹，我们临摹的目的是为了提高自我状态下写生和处理的能力。以前，有不少这样的例子，临摹的水平很高，甚至可以达到以假乱真的程度，但是临摹过程中没有很好地理解和揣摩作者在画中的意图，无法想象原始状态的真实情况，主客观是如何调整及如何处理画面，尤其是明暗转化色彩这一重要的环节。

一、意临

在中国画当中有工笔和写意之分，我们借此在建筑色彩中一用。所谓意笔临摹是抓住范画的主要风貌，包括用色用笔、组织线条、表现结构、处理画面等，重点放在临摹画面的精气神上，无需每笔都一模一样。特别是比较写意的画面，更需要在画前细细地观察，感觉运笔的技巧，在画的过程中需要要停下笔感觉意境，包括用笔的起笔、收笔和运笔，笔触的疏密、方向和层次，结构的具象和抽象效果，空间的对比尺度，画面中心与主客体的有机关联等。意象的用笔重点在于观察和感觉，除此之外手感和大胆的心力。一般色彩临摹的中后期较多需要意临的训练，提高感觉的灵敏度。因个体的差异，有些初学者比较擅长严谨的画法，对于奔放、粗狂和变化的色彩缺少灵敏的感觉，对此，加强意临很有必要。意临时候，特别关注用笔、用色的感觉，掌握其色彩规律和画面的效果。

图6-3这幅俄式建筑水彩画强调严谨的结构线，用简洁的色彩表现建筑的结构和空间透视。其处理手法是用暖棕色调营造画面，色彩冷暖对比不大，主要以天空的冷色对比建筑的暖色，棕色的明度强调建筑体块和空间透视。因为初学者初级阶段临摹的建筑色彩，还是需要强调建筑的结构、空间和透视。临摹这幅建筑水彩画，重点要学习建筑门窗、墙立面、屋顶的画法，并练习线条功力，用线注意整体与局部的关系以及空间透视的虚实关系。初学者用线还要掌握手指、手腕和前臂的力量，体会线条的造型能力在建筑构造的方寸之间的表现力。画完后需要反复比较，寻找问题，有些是手上的问题，有些是洞察力不够的问题，另外还在于画前、画后思考用脑的问题。

图6-3　街景（水彩）　Gustav Luttgens

图6-4　诺哈姆城堡（油画）
　　　透纳　1840年

图6-5　圆形剧场（水彩）
　　　赖瑞伟博斯特

二、工临

工笔相对于意笔而言，工临较为严谨和工整。大到画面结构布局，小到每一笔的起落、收笔的力度和角度都要接近范画，以达到酷似为目的。工笔临摹无论是造型的难度还是塑造的难度都是不小的挑战，因为工笔临摹的重点在于精准，需要花费的时间更多。如果没有耐心或者没有相应的造型和塑造能力，其效果往往不尽如人意。通过工笔临摹训练，造型和塑造的能力一定会提高很快。初学者选择作品的时候要适度，选择能够完成的难度，在时间的安排上，可以局部临摹和分期临摹，临摹一幅画的过程中，先易后难的安排临摹的先后顺序，先临摹客体和次要内容，等手熟练后再临摹主体和画面中心，确保掌握画面的难度和精准度。

三、兼工带写

无论是工笔临摹还是意笔临摹，二者各有千秋，学习不同的临摹技巧，对于眼睛的观察和手感的灵敏度有益，先工后意，不要顾此失彼。

第三节　作业点评

学生画完的写生作业一定会请任课的美术老师看画，相信学生的进步也是在老师孜孜不倦的点评和分析中慢慢地提高。现在大学不是八十年代精英似的教育，一个老师带三十多个学生是很平常的事，有些学校扩大招生，师资配备赶不上，要带四五十个甚至百八十，对此，作业点评要放在多媒体教室或小型的会堂，要动用展台投影仪，讲解和修改一体化，或者为了台下每个学生都能够看清楚，事先把作业拍成课件再进行点评。这样有组织的分析和点评作业，并且要讲究作业水平上中下的层次感，力求各层次的学生能够看清楚自己的问题所在和学习方向。

图6-6《院落》建筑写生，作者较好地把握水粉画的质感，构图合理，建筑结构严谨，色彩对比关系明确，用笔比较肯定，表现建筑和院落的造型特点，画面中心细节刻画清晰，透视正确，较好展现该同学扎实的美术功底，如果天空的色彩再加强远近对比，其透视效果更佳。

图6-7《鼓浪屿建筑》是厦门鼓浪屿西式建筑写生，该同学用水粉表现建筑局部，建筑立面、檐口和门窗是写生的主体，作者在画面经营、构图、空间等色彩处理上用对比的方法，强调建筑的体量、建筑的构造取得良好的效果。美中不足是画面的暗部，如果增加一些色彩的层次，丰富画面的色彩感觉，那样色彩效果更好。

水彩静物写生的目的是培养学生的色彩观察和表现能力，刚开始阶段，首先是把握色彩调子的感觉，不需要深入刻画。图6-8《瓶花》是色调练习的作业，作者抓住了蓝紫色调，在第2~3节课里，要学会较好控制主色彩，大色块解决画面结构和空间。该作品画面前后的空间掌握得比较好，但是桌面左右的空间处理还不够。在画前，根据客观条件色，画面的主体光源由右边进来，要加强左下角的背光处理，那样桌面的空间更加集中，花瓶和香蕉的色彩需要再细致处理一下，让画面中心的视觉感左右逢源。

图6-9和图6-10的《白玫瑰》两幅水彩静物写生作品，各自的感受不同，表现的视角略有差异。图6-9李同学的色彩大块色彩整体感强，把握住明度和纯度的空间关系，塑造画面中心的白玫瑰花较为成功。要注意的问题是画面的布局缺少节奏感，三大色块（墙面和桌面）面积相似，尤其是墙面两块色彩面积大小要拉开，花瓶水果的结构还需塑造。图6-10上官同学色彩感觉清淡儒雅，塑造能力较强，瓶和花作了细致的刻画，但是整幅画的空间关系不够明显，还可以加强色彩的纯度和明度对比，突出主体部分的色彩效果。

图6-6　院落（水粉）　万吉平（二年级）　2013年

图6-7　鼓浪屿建筑（水粉）　谭舒蓓（二年级）　2012年

图6-8　瓶花（水彩）　陈瀑（一年级）　2013年

图6-9　白玫瑰（水彩）　李沿（二年级）　2013年　　　　图6-10　白玫瑰（水彩）　上官福豪（二年级）　2013年

　　图6-11水粉静物《盆栽》画面的色调非常统一，漂亮的蓝灰调上展开色彩三要素的对比和协调，观察蓝色衬布明暗色彩的冷暖变化，强调空间色彩的纯度对比，展开主客体的结构和空间，可以看得出作者有较好的色彩感觉和艺术修养。

　　刚素描结束画色彩，不少同学延续素描的办法画色彩，看似画面有模有样，貌似结构和空间都画到了，其实是误区，色彩三要素除了明度以外还要充分运用色相和纯度，图6-12《静物写生》，该同学有较强的素描造型功底，但由于缺少色彩表现画面的经验，画面色彩显得比较苍白，相信她日后加强色彩感觉，色彩的表现力一定会有质的飞越。

　　图6-13《三联画》写生作业较好掌握了水彩建筑风景画的基本要素，水彩的韵味十足，用笔轻松流畅，画面色调鲜明，如果三联画建筑的关系加强一下对比，拉开前后空间的效果会更好。

　　小桥流水人家是典型的江南风景，图6-14的《江南民居》写生抓住这个视角，能够掌握水彩的用笔用色，表现效果清新流畅。缺点是左边树的遮挡太实，如果把树处理得主观些，把桥的结构画完整，画面会灵动起来。

　　图6-15《古塔》这幅古建筑的局部刻画还是比较成功的，笔者自上而下依次减弱色彩的明度和纯度，表现

图6-11　盆栽（水粉）　陈金国（一年级）　2005年

图6-12　静物写生（水彩）

　　　　杨婉娴（一年级）　2013年

图6-13　三联画（水彩）

　　　　毛影竹（二年级）　2012年

图6-14　江南民居（水彩）
潘文辉　1992年

图6-15　古塔（水彩）史红岩
1992年

图6-16 徽派建筑（水粉） 潘黎芳 1991年

仰视塔楼的透视感，张弛有度，下面简约造型的树应该再塑造一下。

图6-16《徽派建筑》是水粉的民居写生，整体的灰色调非常统一，用笔有一定的力度，较好表现了建筑的结构和空间，左右光色的对比处理使画面前后具有空间节奏。

建筑系美术学习两年，二年级之后的暑假有一次美术实习，为期两周。尽管天气暑热，水彩写生很不容易，但是大家非常刻苦，坚持每天外出写生，因此进步非常明显。不难想象作者在画《绍兴土谷祠》（见图6-17）时的艰辛。该作品构图完整，水彩画技法熟练，色调清醒、儒雅，处理建筑与环境想得益彰。美中不足的是右边的建筑结构不够深入刻画，檐下的门窗缺少色彩的表现。

图6-18成功处理了左右两边与画面中心的色彩对比，建筑的透视感强烈。天空是湿画法，水面是干画法，色彩的明暗对比正确，水中倒影的色彩上下呼应，涟漪寥寥数笔，水面立刻清澈、生动起来。两岸晾晒的衣服、人物和船只，造型简洁，层次分明，和建筑空间浑然一体。这幅水彩风景写生，作者掌握色彩技法熟练，以干画法为主，结合建筑结构用笔和用色，建筑空间层次分明，色调雅致，画面中心主体建筑的左右墙体用冷暖色彩对比，和橙色的车辆呼应，建筑、桥梁和水面的色彩整体又生动。

图6-17 绍兴土谷祠（水彩）
陈德维 1992年

图6-18　河埠（水彩）　刘冰　1992年

第七章 设计色彩

第一节 色彩构成

　　色彩构成是艺术院校设计专业一门专业基础课，上世纪80年代初从国外引进。色彩构成科学、理性的层面分析色彩的相互作用，从色彩的知觉和心理感受的角度，归纳、整理复杂的色彩现象为基本要素，利用色彩在空间、量与质上的可变幻性，按照一定的规律去组合各构成之间的相互关系，再创造出新的色彩效果的过程。色彩构成是艺术设计的基础理论之一，现在有关色彩构成的图书和教材很多，色彩写生课中，穿插一些色彩构成的知识很有必要，尤其对理工科的学生，用色彩构成理论知识结合建筑专业色彩设计的练习，感性与理性的交融，对今后学习建筑设计是非常有帮助的。

　　学习设计色彩首先学习色彩写生，掌握观察色彩的本领，加强生活中色彩的体验。在学习色彩构成的同时，结合建筑相关的专业知识，把色彩的感性和理性、知觉和错觉的在建筑、环境、园林和景观设计中发挥出来。学习设计色彩，将进一步提高色彩的运用水平。

一、色彩光效应

1. 明度渐变

　　在色彩构成中，色彩三要素的结构是比较基础的内容，初学者应该充分了解和练习明度、纯度和色相的渐变，取得光效应的效果并分别做一次练习。单纯从三要素的渐变来看并不是很复杂，见图7-1的明度渐变，用群青或普兰调入不同层次的白颜料达到明度渐变，渐变过程中可以快速推进也可以缓慢，应事先设计其节奏包括色块的大小和明暗变化，考虑图底互为衬托，加强明度渐变的空间效果。

2. 纯度渐变

　　纯度渐变是任选一种颜色另调入某一色，由于其他颜色的介入，破坏原有色彩的饱和度。如图7-2，中黄的颜色调进灰色之后，黄色的纯度逐渐暗淡。作者用等距的纯度渐变，事先做了画面色块大小和方向的构图，预设正方形、长方形和三角形的空间布局，由于设计巧妙，一个简单的纯度渐变取得魔幻似的艺术效果。

3. 色相渐变

　　做色相渐变之前，学生们必须了解红黄蓝组成的三原色，这是色彩世界的根本，由三原色中二个颜色的调和得到橙、绿和紫三间色，再用三原色和三间色调和发展出丰富的复色。用现成能

图7-1　明度渐变（水粉）佚名（一年级）1997年

够买到的24色颜料，依次把它们排列形成一个色环，其中色相渐变可以选取色环中某一个角度或者全色进行练习。色环的角度越小色彩效果越统一，全色环作色相渐变，画面的色彩效果丰富且强烈。

图7-3《色相渐变》，从黄到蓝依次渐变，画面一大一小、一横一竖布局，呈现点线面的构成，设计中见作者既粗犷又细腻的性格，画面整体感强，细节富有变化，可见作者的设计很有功力。

 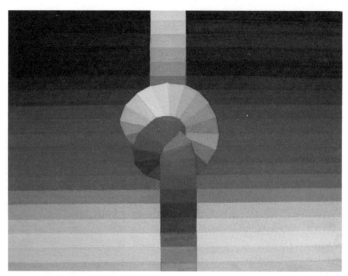

图7-2　纯度渐变（水粉）　佚名（一年级）　1997年　　图7-3　色相渐变（水粉）　佚名

二、色彩节奏

色彩构成的环节比较多，比如色面积的平衡，色彩的空间混合等，我认为色彩明暗调子练习是比较重要的，通过色彩的对比和统一控制画面色彩的节奏感。比如，画面设计方向以明亮基调为特征的，表现出轻松的色彩结构，反之，希望沉稳和厚重的色彩感的则以暗色调为主。为了色彩的明度比较形象，我们把明度轴从白到黑依次分九个色阶，每三个色阶为一组，分成高、中、低（即亮、灰、暗）三个色调，以三个色调为基础展开九种对比效果（见图7-4）。大于五个色阶为色彩的强对比，称为长调；三到五个色阶为中对比，称为中调；小于三个为弱对比，称为短调。

1. 高调

高调是以明亮为色彩结构特征的画面，从全白到亮灰分成三个色阶，在高调画面中设计出强、中、弱三种不同的对比关系，冠名高长调，其画面色彩效果表现为：明亮、轻盈、活泼、清晰。高中调的色彩特征表现为：安稳、舒适、柔和、明朗。高短调的色彩特征表现为明亮、辉煌、朦胧、无力。

2. 中调

中调的色彩特征表现为柔和、稳定、优雅，画面也有强中弱三种对比效果。中长调画面表现特征为深刻、坚硬、饱满。中中调表现为丰富、含蓄。中短调表现为深邃、模糊和暗昧。

3. 低调

低调以暗色调为色彩结构特征，其中低长调的画面表现为明确、强烈、力量。低中调的画面体现浑厚、稳定、深沉。低短调表现为神秘、迷茫、模糊、阴沉。

图7-4 九调子（水粉） 佚名

第二节 色彩设计

色彩设计即色彩的创作，在色彩训练中是不可替代的。前期从静物到风景写生，所有的基础训练都是为色彩设计做准备。掌握了水彩画和水粉画技法之后，目的是为了设计和创作服务。在绘画历史发展中，有古典主义、浪漫主义、印象主义、立体主义、现代主义等各种流派和画风，有些在传承中发展，有的另立门户。在中国美术界，有徐悲鸿、林风眠、吴冠中等人，他们是中国绘画改革的先驱，西方绘画艺术的写实主义和东方的写意结合，用油画的材料结合东方的构图、线条、色彩和审美情趣（见图7-5）。在建筑色彩教学里，我们必须拓展绘画的视野和表现的空间，学习造型基础知识，打下扎实的基本功，还要在提高审美情趣、艺术修养的同时，倡导色彩的设计和创作。

图7-5　风祭系列（套色铜版画）　傅东黎　1992年

第三节　色彩联想

　　如果写生相对于创意色彩还是有具体形象的限制和约束，那么，创意色彩更多需要创作的层面，既要技术又要艺术修养和个性的施展（见图7-6~图7-10）。从一个构思到作品完成，很多时候，创作需要智慧更需要激情。当然，也有非常理性的、极端的表现主义的。如果没有技术支撑，创作的空间就不够大。学习创作，是从平时的造型基本功培养到审美情趣、表现形式等多方面的积累。色彩联想通过对四季的色彩印象或对一幅大师的绘画的解构重组，可以利用其中色彩元素再创造，完成一幅联想作品。见图7-6《沸血》，这是按照一幅体育摄影作品改编的色彩联想，作者以灌篮的动作为主题，赞美技艺超群和热血沸腾的灌篮高手，流线型的高纯度的色彩表现仿佛观众也看得血脉偾张。

　　图7-7和图7-8《天鹅湖》是让全班同学听天鹅湖音乐作的联想作业，两位同学较好捕捉到了天鹅湖的音乐形象，画面以蓝、紫、白清纯又明亮的色彩表现音乐主题。作业要求不画具体的人物造型，这样大家可以放开色彩表现的空间。尽管画面没有涉及天鹅湖的男、女主人翁，但是，两幅音乐联想作业通过色彩设计，使同学各自诠释出天鹅湖主体音乐形象。

图7-6　沸血（水粉）　佚名（一年级）　2002年

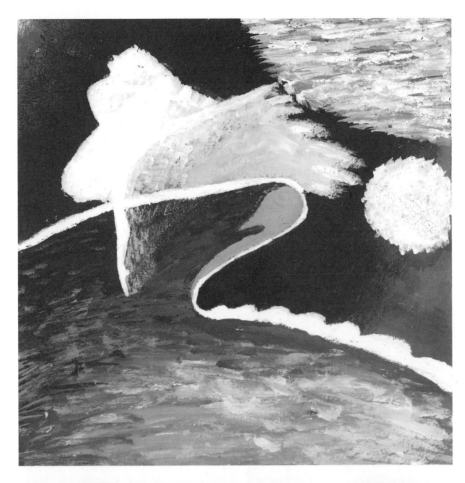

图7-7　天鹅湖（水粉）
　　　慧如（一年级）　2013年

图7-8　天鹅湖（水粉）　王毅超
　　　（一年级）　2013年

图7-9 闺房（铜版画） 傅东黎
2000年

图7-10 红系（铜版画）
傅东黎 1999年

第八章　建筑色彩作品赏析

　　图8-1的《圣塞里萨教堂》，画家处理该作品比较成功之处在于以下几点：①三角形仰视的构图，突出建筑宏伟的气势。②深色的天空衬托建筑立面的结构和造型，画面整体感强。③深入刻画建筑的构造，如门窗、墙体、屋顶的造型，将天空、屋顶和墙体交替进行色彩对比，强调建筑的空间和透视。④天空的云彩和地面倒影，包括人物和飞鸟的设计和表现，一静一动提升了作品身临其境的现场感觉。

图8-1　圣塞里萨教堂（水彩）　阿瑟.J.巴伯

图8-2 静物写生（水彩） 傅东黎 1995年

图8-3 小山村（水彩） 傅东黎 2000年

　　图8-4的《古城》是在新疆写生后创作的作品，苍凉的西北黄土，溯风掠过留下岁月的沧桑。该作品成功之处表现为：①画面采用对角线处理，天际线很高，给人以压迫和沉闷感。②远近两种不同纯度的黄色调统一画面，交界处用光感的羽化处理空间。③局部与整体对比明显，古城墙体的大色块和风沙化石的细节，表现出远去的古城遗迹。

图8-4　古城（水彩）　傅东黎　1995年

图8-5《哥特式建筑》以红紫灰色调表现河边古老的桥和建筑，画面色调既对比又统一，色彩处理的技巧是：①降低红色屋顶的纯度，与冷色调的桥梁和建筑保持统一。②尽管画面出现的是建筑的局部，但是塑造的每个结构都比较严谨和完整。③设计天光从右边进来，增加背光部分的环境色，表现相邻建筑的色彩层次。④近景的建筑与前后建筑的对比关系强烈，表现出建筑的空间和透视。⑤画家抓住建筑、桥梁、云彩和水面的光感和质感，进行整体的概括和深入的塑造，使画面栩栩如生。

图8-5　哥特式建筑（水彩）　Gustav Luttgens

图8-6　藏民（水彩）　傅东黎　1993年

图8-7《港湾》是一幅建筑室内的水彩画，我在处理过程中，抓住以下几个重点：①室内色彩强调灯光的感觉，不仅仅是台灯的灯光，还有来自天花板的反射光，用沙发椅子下面的投影和台灯上下的色彩做大对比，高光处留白。②大面积的干、湿相结合的画法，枯笔的用笔用色，湿笔的晕色和叠色塑造沙发质感，让画面中心聚焦在沙发周围，形成前后的虚实空间。

图8-7　港湾（水彩）　傅东黎　2013年

图8-8 威尼斯的运河（水彩） 玛丽莲·希曼德

九寨沟和黄龙是很美自然风景名胜，尤其是色彩给人的印象非常美好，图8-9《净》是观景后创作的水彩风景画，创作的体会是：①画面O形的构图集中体现水面的倒影，与四周的树木形成围合。②水面倒影不一定画得很深，只要上下结构对的上，图底关系很重要，留白是关键。③水印受到微风的作用，用似水波的线条处理，表现动感。④树并非是画面的重点，枝叶处理虚实穿插，画面中心设计一团秋叶，即统一色调又可以兼顾水中的色彩，可谓一箭双雕。⑤风景画需要意境才能打动人心，为了强调黄龙的美景，去掉多余的结构和色彩，突出"净"态的水韵。

图8-9　净（水彩）　傅东黎　1995年

梦中故乡是婺源的广告词，它是徽派民居代表，木结构的老宅很精彩，我向往住在阳光洒满天井冬瓜梁下的悠哉。图8-10《婺源》是基于这些画就的水彩画，其创作要点是：①仰视的构图具三点透视特点，建筑呈现壮观的气势。②棕褐色基调表现木结构的建筑主色调，深色的檐口和阳光照到的梁柱拉开对比的关系，表现建筑上下的空间感觉。③天空、植物和灯笼的设计和塑造表现家的温暖。

图8-10　婺源（水彩）　傅东黎　2014年

图8-11《镜前小号》表现的是生活场景，中式的老物件、植物和小号都是作者所喜欢的，摆放在画面中就像是一幅作者的自画像。其创作特点是：①小号是画面中心，造型和塑造都需要花费更多时间，为了强调铜的质感，高光和反光必须丝丝入扣。②受光的小号和镜中的投影需要拉开对比，银质的号嘴和气口盖子面积虽小，但是色彩变化微妙，需要耐心刻画。③木结构的老家具，其桌面的内外除了强调受光和背光的表现之外，还需画一些倒影，突出桌面一定的油光质感。

图8-11　镜前小号（水彩）　傅东黎　2012年

图8-12《祈年》是一幅创作于1999年的套色铜版画，其设计意图为：①方圆的构成集古典与现代为一体，花窗式的直线与同心圆结合，给人以简洁明快的视觉感受。②各国国旗组成红色花灯造型与左右的黄绿色的中国龙成对比，突出了画面中心的祈年殿，希望世界随千禧年到来关注我中国的崛起。③鲜艳的色彩和概括的几何图像，活跃了画面喜庆的气氛，增加了民族色彩的辨识度和装饰感。

图8-12　祈年（铜版画）　傅东黎　1999年

图8-13《随风往事》试图通过建筑的局部表现往事随风飘逝的沧桑感，创作体会如下：①木结构的老建筑，特别容易受到岁月的侵袭，泛红的花窗、雕花的檐板和牛腿要体现出沧桑感。②细节刻画局部采用油画棒的抗水法和干湿画法，表现花窗、檐板的木纹机理和结构的空间深度。③为了强调木结构古建筑的现在与过去，处理画面表现出阳光与阴影的穿插，使画面虚虚实实似梦似真。

图8-13 随风往事（水彩） 傅东黎 2013年

图8-14《西泠桥边》是千禧年的写生，那时西泠桥已是秋月，高大的法国梧桐树在浓雾中隐隐约约透露着秋色。创作要点如下：①打好铅笔稿子，用排刷湿纸，画上绿褐色的雾气，在靠近地面和路边逐渐收住。②未干的画面上画上树叶桥身，衔接处收笔和羽化。③待画面干透时再刻画亭子、桥栏等的细节。

图8-14　西泠桥边（水彩）
傅东黎　2000年

图8-15《夏夜》和图8-16《家锁》是一组软硬材质对比的水彩画，绿色的荷叶受到天光的影响，分别呈现冷暖不同的色性和色相，为了更好地突出画面中、下的视角，左侧和上方用排刷处理成水中倒影，结合荷叶背光的色彩，这样小部分的受光带的色彩慢慢呈现出来，再刻画一些荷叶的筋脉。锁具刻画的注意点：①木门与铁锁的色彩力求整体与局部相统一。②铁锁与门的构成有一定的节奏感。③铁锈的色彩是细节刻画的重点，再加门上的肌理，要控制好色彩的层次。④加强光的感觉，画前先设计高光和投影的位置，表现上干湿结合。

图8-15　夏夜（水彩）
傅东黎　2005年

图8-16 家锁（水彩） 傅东黎 2013年

　　画家的形象和气质很容易被识别，同样画家的视觉感也是非常独特，天边一片彩云和一束光亮，也会让画家陶醉。当然，仅仅有感觉还不够，会需要个性化的加工和艺术处理。图8-17《大海》并没有具体的结构和细节。海浪在落日余晖下有较大的起伏，突破云层的夕阳与海面上的倒影对应，高光的边缘加强深色的对比，使光感显得更加强烈，海平面与天空通过冷暖、明度的色彩变化，取得空间透视。整幅画面大笔挥就，直接捕捉夕阳瞬间色彩。

图8-17　大海（水彩）　傅东黎　1999年

图8-18　铜版（水彩）　傅东黎　2014年

图8-19《海滩》是带学生去福建的崇武写生，刚到那大家兴奋不已，一直沿着海边走，子夜，皓月当空，在圆月下面挂着一圈精美的彩虹，寂静的夜里，聆听大海有节奏的涛声，享受大海美不胜收的画面，《海滩》就是其感所得的作品其中之一。

图8-19　海滩（水彩）　傅东黎　1995年

图8-20 伙伴（水彩） 傅东黎 2010年

图8-21 红屋（水彩） 傅东黎 2014年

杭州西湖的美景像甜酒一般滋润着每位看客，尤其是晨暮中的色彩。图8-22的《晚秋》画的是西泠桥的日落，从孤山后面看过去，山水秋色尽染。这幅《西泠桥》结构和色彩并不复杂，画面处理更像是色彩速写。先排刷湿纸，天空和水面用大笔刷上黄橙色，局部加上红紫色，很快大色调就出来了，远近的结构比较模糊，也无需交代清楚，处理时用大号笔隐隐约约上色即可，树丛、桥型和远山的层次应细心塑造，天空增加云彩和飞鸟的造型，以求静动结合的艺术效果。

图8-22　晚秋（水彩）　傅东黎　2004年

图8-23 庐山（水彩） 傅东黎 2014年

图8-24 雪憩（水彩） 傅东黎 2000年

图8-25 金池（水彩） 傅东黎 2002年

图8-26 岳湖（水彩） 傅东黎 2004年

每年四五月，杭州的天气像小孩的脸，说变就变，写生课常常会被突然的下雨搞得狼狈不堪，有时无处可逃被雨淋得像只"落汤鸡"。大雨可恼，小雨还是可以忍受，毛毛雨便是喜欢了，图8-27《春雨》在快下雨的时候画的，根据经验，不用一下雨就马上收拾画具，先观察一下，如果不会大雨降临，那就让画面也淋一下，在石亭上，在大树上，春雨就留在画面上。远处白堤上的桥和岸柳也趁机湿画法，正好赶上大诗人那句赞美西湖的诗句——山色空蒙雨亦奇。

图8-27　春雨（水彩）　傅东黎　2001年

图8-28　《彼得大帝私人玩物——武器静物组合之一》（墨水彩钢笔画）　T.E吉穆金娜　1995年

　　图8-29《科克港市》画的是雨后的街景，画家处理的技巧非常美妙，其表现特点如下：①构图饱满，雨后的色调表现强。②干湿画法运用自如，墙体、地面和天空等大色块用湿画法，建筑结构、门窗、人物造型用干画法。③主体建筑层次感很强，右上侧建筑处理成背光，与马路地面相邻的建筑墙体作对比，形成光感和空间感，左侧建筑采用虚画法，戏剧性地设计，将强光下建筑推向远方。④屋顶和地面积水的反光处理，略加倒影使其更具雨后的质感。

图8-29　科克港市（水彩）　约翰·派克

图8-30的《蓝丝巾》一半是静物写生，还有一半是创作。绿萝、丝巾和花瓶原本不在一起，是通过加工组合而成，用蓝绿色统一在画面中。为了突出前后空间效果，背景的色彩用湿画法逐渐变亮，前景中的绿萝用偏暖的黄绿色只强调前面几片叶子，其余处理成冷色调与花瓶形成冷暖对比，用色彩的冷暖强调空间的虚实效果。整幅画面的细节不多，集中在扎染丝巾及花瓶的图案和质感上。处理特点：①抓住水彩的干、湿画法，背景和桌面用排刷打湿纸面，大笔刷色。②绿萝叶子除几片作细节刻画之外，其余干湿混同，偶尔细抠一下边缘。③花瓶图案留出一些细线进行刻画，增加植物和花瓶的造型美感。④丝巾底色用湿画法晕色，干透后再加不同色彩的"铁线描"，既紧致又有中国式扎染的丝巾质感。

图8-30　蓝丝巾（水彩）　傅东黎　1997年

　　图8-31《夏至》是庐山的老别墅，当地的毛石砌成的建筑墙体，高高的杉树簇拥下，阳光透过缝隙，洒落在青石板上，粗犷又别致的建筑造型让人流连忘返，即使是炎热的盛夏，庐山得天独厚的建筑风貌和自然环境，是夏天避暑最好的地方，庐山是非常舒适的写生基地。在画这幅水彩画的时候，重点放在树荫笼罩下，光斑陆离的老别墅，屋顶和凹凸不平的石块上面依稀挂着年久的青苔，借助阳光的投影，梳理其色彩的层次，由近到远依次展开空间，远处建筑的墙体留有一丝光亮，受光、背光和反光交替出现，让左边一条石阶带你进入迷宫一般的老建筑。

图8-31　夏至（水彩）　傅东黎　2014年

欧洲有许多经典的建筑值得我们学习和作画，图8-32《紫云》便是。没有画过水彩画的同学，在一旁看我画画觉得是那么的容易，常常听他们说，老师画什么是什么，但是，他们也未必想到老师处理画面的时候，血流过大脑也会血脉喷张和煞费苦心，甚至黔驴技穷。画《紫云》的时候，通常先画建筑和天地的大色块，起初会画得特别顺利，也非常快速，一般情况下半个时辰基本搞定画面的大效果，但是后面的加工和艺术处理还是需要特别的用心，不仅如此，要想画面取得意外的效果，还要有敢画的勇气。画画更多的时候像盲人走路，前面没有道路，需要画家一颗强大的心。自我表现的意识非常重要，有时候比技术更重要。当时建筑画好后感觉比较直白，不够有变化，尽管门窗、墙体的结构和细节都作了交代，自我感觉却太平淡了，最后用破坏式的水洗，冲掉一部分建筑的结构，重新建立上下左右的画面秩序，让光照不平均，这样的建筑空间看起来层次分明，另外收笔之前又在画面中心设计一团烟雾，感觉更加有动感一点。

图8-32　紫云（水彩）　傅东黎　2014年

图8-33《禾拔》是20世纪80年代去广西龙胜和三江的苗、瑶、壮族山区的一次写生。《禾拔》是当地少数民族秋后晾晒谷穗的场景，夕阳下迷人的龙胜梯田如梦似幻，天堂一般的美景与艰苦的生活反差巨大。《禾拔》画面设计在傍晚时分，幽暗的黄昏色彩占据整幅画面，天边漏出一些残阳，河中倒映的山影有一点神秘的气氛，蜿蜒的小道通向风雨廊桥犹如通向神秘的天际尽头。

图8-33　禾拔（水彩）　傅东黎　1992年

图8-34《春分》表现江南水乡的晨雾，池塘岸边被浓雾笼罩，隐隐约约露出塔尖，很吸引人。用色不多，主要控制湿画法的火候：①不要整张纸都湿纸，有形的地方要保留下来，以免天气潮湿无法收拾。②水彩画的留白很重要，为了画面的结构和意境需要，色块之间要适当留白，可谓"知黑守白"。③大写意的放笔结合小心翼翼的收笔，倒影、建筑、船只、古塔都有一定的造型，需要慢慢地刻画。

图8-34　春分（水彩）　傅东黎　2002年

图8-35　彩霞满天（水彩）　傅东黎　2002年

图8-36　丽水山居（水彩）　傅东黎　2004年

图8-37　红土（水彩）　傅东黎　2003年

图8-38　高天（水彩）　傅东黎　2005年

图8-39　断桥新绿（水彩）　傅东黎　2003年

图8-40　里西湖（水彩）　傅东黎　2005年

图8-41　海港（水彩）　傅东黎　2001年

图8-42　曲院风荷（水彩）　傅东黎　2000年

图8-43　荷（水彩）　傅东黎　2003年

图8-44　金沙江（水彩）　傅东黎　2004年

图8-45　清风（水彩）　傅东黎　2003年

图8-46　蓝瓶（水彩）　傅东黎　1995年

图8-47　青岛海洋大学（水彩）　傅东黎　1999年

图8-48　土墙（水彩）　傅东黎　2003年

图8-49　巷口（水彩）　傅东黎　2003年

图8-50　青铜器（水彩）　傅东黎　1997年

图8-51 西泠印社（水彩） 傅东黎 2003年

图8-52 春（水彩） 傅东黎 2004年

图8-53 郭庄（水彩） 傅东黎 2005年

图8-54 天边（水彩） 傅东黎 2005年

图 8-55　破云（水彩）　傅东黎　2005 年

图 8-56　柴门犬吠（水彩）　傅东黎　2004 年

图8-57 塞戈维亚主教座堂（水彩） 傅东黎 2014年

图8-58 呼啸山庄（水彩） 傅东黎 2014年

图8-59　双桥（水彩）　傅东黎　2000年

图8-60　湛碧楼（钢笔淡彩）　傅东黎　2009年

图8-61　丽影（水彩）　傅东黎　2001年

图8-62　河边（水彩）　傅东黎　2004年

图8-63　小阳春（水彩）　傅东黎　2002年

图8-64　安居（水彩）　傅东黎　2004年

图8-65 垂钓（水彩） 傅东黎 2002年

图8-66 晨（水彩） 傅东黎 1999年

图8-67 黄龙公园（水彩） 傅东黎 2002年

图8-68 蓝月（水彩） 傅东黎 2005年

图8-69 红枫（水彩） 傅东黎 2014年

图8-70 玉泉（水彩） 傅东黎 2002年

　　图8-71《巴黎圣母院》想尝试不一样的水彩画法，喷上水后用黄色调统一整个画面，用2寸的大排刷调配以中黄、柠檬黄、土黄以及适量的中绿，在画面中心的建筑屋顶一带，干湿结合，塑造屋顶的结构和门窗的造型，没有画得很深入，用轻松的笔墨表现水彩画的质感。

图8-71　巴黎圣母院（水彩）　傅东黎　2014年

图8-72　孤山秋景（水彩）　傅东黎　2004年

图8-73 吊楼（水彩） 傅东黎 2004年

在风和日丽的春天，周庄的水道一片繁忙，特别是周末人声鼎沸，桥上和岸边都是人流，平日里小镇又会回到恬静的生活。图8-74的《风和》画面表现的就是那样的日子。画面以桥为中心，围绕河道两边民居展开，为了能够表现清澈的水面，可借鉴的处理经验有：①水面需要一定的明暗层次，如果水面不能对应上下的结构和色彩，会影响水的透明度，桥洞的色彩比较暗，倒影也是如此，桥身受光部分比较明亮，水中桥身的倒影则不能画暗。②干湿结合，打基础色块的时候，趁纸面未干用并置、叠色等办法，找到自然的晕色。③涟漪的"黑白"结构互相穿插，深色底子上需要留出浅淡和明亮的涟漪，有时候，上色前用油画棒、抗水液先画好，以示水面的反光，浅淡的底子上再画上深色的涟漪，最后水面上的涟漪的高光是用美工刀刮出来的。

图8-74　风和（水彩）　傅东黎　2002年

图8-75　桥畔（水彩）　傅东黎　2000年

图8-76　郭庄（水彩）　傅东黎　1998年

西泠印社位于西子湖畔，拾阶而上即可登上不太高的山顶，那里可以远眺西湖美景，三潭印月、阮公墩、雷峰塔、白堤和苏堤尽收眼底，在浙江大学四校合并之前，写生课大家校门口集中，骑自行车大约十分钟时间可以到达西湖边了。华严经塔建于光绪三十年，即1904年，西泠印社是我国著名金石篆刻家聚会之地，湖光山色簇拥下的华严经塔有一塔镇局的作用。图8-77《华严经塔》这幅水彩画，并非完全按照实景描绘，塔是用写实的画法，周围的环境是主观加工处理的，为了表达其中秀美的环境，我在塔的四周增加一些冷暖不同的色彩，干湿穿插，用笔用色果断，强调色彩的主观感受和艺术表现。

图8-77　华严经塔（水彩）　傅东黎　2000年

图8-78 七路车（水彩） 傅东黎 1997年

图8-79 明月（油画） 傅东黎 2000年

图8-80　托莱多（水彩）　傅东黎　2014年

图8-81　家（马克笔）　傅东黎　2013年

图8-82 良辰（水彩） 傅东黎 2005年

图8-83 竹楼（水彩） 傅东黎 2002年

图8-84 春绿（水彩） 傅东黎 2004年

图8-85 玉泉校区（水彩） 傅东黎 2003年

图8-86《桃红》是一幅钢笔淡彩，可把它当作色彩速写，在这里处理的方法有几条供大家参考：①钢笔淡彩的构架很重要，用大色块将树分为黄绿两种，水中树的倒影略暗，岸边的草坡提亮，形成光照对比，如果按照客观画，结构和空间容易混淆。②作为色彩速写，简洁、明快和迅速很重要，在上色时候尽可能结构化和色块化，比如杉树和桃树等按树种不同区别用色，这样大块的色彩辨识度比较强。

图8-86　桃红（水彩）　傅东黎　2009年

柳浪闻莺是杭州著名的公园，位于南山路，沿着西湖长长的湖岸线，一年四季湖光山色，美不胜收。柳浪闻莺更多的是一片绿色的公园，生机盎然，也许是太甜美了，希望画一幅古装一点的柳浪闻莺，图8-87《柳浪》借柳叶落尽的柳树配上古建筑，色调幽暗，门厅和窗内暖色的灯光，漫射到屋顶树荫婆娑，天边还有一些余晖，使画面呈现古雅的场景。

图8-87　柳浪（水彩）　傅东黎　2014年

图8-88 天年（水彩） 傅东黎 2003年

图8-89 重阳（水彩） 傅东黎 2002年

图8-90　巷口（水彩）　傅东黎　2003年

在图8-91《德国国王湖》和图8-92《上岸》画面中作者尝试鲜亮的蓝紫色调，在翻阅美国当代水彩画册中，发现有些水彩画画法色彩的纯度特别高，在动漫的插画上也有不少，在《德国国王湖》的山、水和《上岸》的船只、水面和建筑立面都大胆地使用紫罗兰、钴蓝、青莲和紫红，塑造清纯的画面感觉。

图8-91　德国国王湖（水彩）　傅东黎　2014年

图8-92　上岸（水彩）　傅东黎　1999年

图8-93　窄巷口（钢笔淡彩）　傅东黎　2009年

图8-94　桥上风景（水彩）　傅东黎　2002年

图8-95　小镇之夜（水彩）　傅东黎　1999年

图8-96　月牙门（水彩）　傅东黎　2001年

图8-97　山村（水彩）　傅东黎　2009年

图8-98的这幅水粉《静物》采用的是薄画和湿画的方法，大部分水粉画法调色之后不会特别在意湿画的机理，一般大家偏向于水粉的粉味，并没有体现出水粉画的水味，因此，只要在控制范围之内，尽可能表现出薄画和湿画的状态，有时水分太多，水会顺着往下淌，但只要画面不被破坏，淌出的机理还是可以接受的。图8-99《阵雨》在写生时候，突然一阵雨，冲走许多色彩，后期调整了部分色彩，荷叶的造型则将计就计。

图8-98　静物（水粉）　傅东黎　2004年

图8-99 阵雨（水彩） 傅东黎 2004年

图8-100 校园（水彩） 傅东黎 2004年

图8-101　大太阳（钢笔淡彩）　傅东黎　2009年

图8-102 艳阳天（水彩） 傅东黎 2003年

图8-103 斜阳（水彩） 傅东黎 2002年

图8-104的《矮墙》表现曲院风荷一景，公园里有些镜头并不适合写生，有些虽然没有特别像"风景"，但是画出来效果还是不错的。写生课初期最好老师带大家一起画，一边画一边讲解选景和构图的要点，让同学们明白如何选择画面的镜头，避免哪些不利于色彩写生的因素，中后期最好放手，让大家各自选景，看看选景和表现之间的关系是否存在问题。《矮墙》、《初阳》（见图8-105）和《冬瓜梁》（见图8-106）都在选景上下过一番功夫的。客观上《矮墙》、《冬瓜梁》的色彩并没有那么丰富，地面、墙上也都没有投影，那都是为了表现空间环境的效果，有意强调和处理的。同学们在画建筑结构的时候一般比较重视，因为建筑的结构比较清楚，门窗、屋顶和墙体，建筑材料和构件都认认真真刻画，往往不同于重视像地面投影之类的"软结构"。画前，希望我们选择画面镜头要用挑剔的眼光，试着左右、上下看看，多多移动我们的"取景框"，画正稿之前不妨在左上角画个小稿，注意整幅画面的大的框架结构，不同大小、冷暖的色块，主客体的空间对比关系等。像《初阳》受客观条件的制约，画那个镜头必须起早，夸张地说，刚到一个陌生的环境，第一个任务是先"侦察"。

图8-104　矮墙（水彩）　傅东黎　2002年

图8-105　初阳（水彩）　傅东黎　2001年

图8-106　冬瓜梁（水彩）　傅东黎　2003年

图8-107　小别墅（水彩）　朱雪梅　1984年

图8-108　放鹤亭（水彩）　傅东黎　1996年

图8-109　石板桥（水彩）　傅东黎　2005年

图8-110　收青稞（水彩）　傅东黎　2014年

同学们写生碰到画同类的造型是一件头疼的事，但是，如果你掌握其中的方法，是不会那样难以对付的。图8-111《曲院风荷》画面中有许多荷叶，如果技术不能胜任或偷懒少画几个荷叶，效果未必那么好。在此，有几点大家尝试着做做看：①将荷叶分成两个区域，远近荷田的外部造型与水面的倒影分开。②远处荷田的顶面受光，立面画成背光或侧光。③近处的荷叶用色结合用笔造型，梳理出荷叶几种不同的造型和色彩，前面和上面的荷叶比较完整，后面的和下面的残缺或不完整。④近处完整的荷叶造型提高一点纯度，明度的对比也要加大，这样光感比较强烈。⑤荷叶的杆径长短不一，方向不要太相同。

图8-111　曲院风荷（水彩）　傅东黎　2001年

图8-112《水光》的重点是空间，船只和建筑都画好后，画面左右的效果比较写实，后面的桥、水面、人物如果再画得很具体就会显得刻板，失去空间透视效果。因此，需要加强主观的处理。为了画面有明显的光感效果，在左下角增加树的投影，而且加大光影的对比度。这样强光在地面和水面就形成统一的感觉。

图8-112　水光（水彩）　傅东黎　2009年

图8-113　屏山（水彩）　傅东黎　2005年

图8-114　新天鹅湖城堡（水彩）　傅东黎　2014年

图 8-115　西泠印社（水彩）　傅东黎　2004 年

图 8-116　芦花（水彩）　傅东黎　2002 年

图 8-117　庄稼地（水彩）　傅东黎　2005 年

图 8-118　山坡（水彩）　傅东黎　2014 年

图8-119　浙大教学楼（水彩）　傅东黎　2003年

图8-120　红十月（水彩）　傅东黎　2002年

　　城市俯视这类的写生，比较侧重锻炼色彩的整体感觉，练习概括色块和组织空间的能力，在画图8-121《城市鸟瞰》这幅水彩画的时候，画前针对大空间的视觉感做了以下几方面的设想：①建筑屋顶通常阳光普照，这样画面左右失去了对比，如果一部分与天边的云彩一起设计成艳阳高照，另一部分建筑的屋顶遮挡住阳光，这样就能避免所有的屋顶一样的色彩。②围绕画面中心的墙体，四周最好也分为几大块不同的色彩，可以起到丰富近景色彩的效果。因此，把并排的建筑分出前后，右面的墙体光线时隐时现，突出艳阳天的光感特点。③靠近天际线的建筑，整体处理成天光的蓝紫色调的灰色，与天边的云彩对比，延生城市建筑的空间距离。④建筑表现采用大面积的色块，交代出建筑的体块和远近空间，力求简洁和明快，画面中心的建筑结构包括门窗只需略加修饰。

图8-121　城市鸟瞰（水彩）　傅东黎　2014年

图8-122 街景（水彩） 拉夫埃维

图8-123 现代建筑（马克笔） 傅东黎 2013年

图8-124　宏村街巷（水彩）　傅东黎　2002年

图8-125　竹楼（水彩）　傅东黎　2003年

图8-126　苏州河（水彩）佚名

　　在建筑水彩画中有不少作品是靠扎实的造型和塑造能力完成的，没有过多地表现色彩，图8-127 的这幅《圣玛丽亚教堂》用色就非常统一。其特点有：①画面以蓝色调为主，局部有一点点的暖灰色。②建筑虚实穿插地表现，门窗、梁柱和檐口处的结构和色彩层次泾渭分明，基座的墙体逐渐虚化，变得很淡，展现出画家高超的造型功夫。③人物和船只轻描淡写，但是很到位。④近景与岸边采用剪影的办法，左右建筑依次光照减弱，空间透视立刻呈现。

图8-127　圣玛丽亚教堂（水彩）　唐尼森赫普斯

参考文献

［1］俄罗斯国立列宾美术学院. 列宾美术学院水彩画作品选. 天津：人民美术出版社，1998.

［2］唐莘. 外国水彩画选. 杭州：浙江人民美术出版社，1983.

［3］玛丽莲·西曼德，路易斯·巴瑞特·勒曼. 水彩风景与花卉. 杭州：浙江人民美术出版社，1998.

［4］利兹·多诺万. 水彩静物. 杭州：浙江人民美术出版社，1996.

［5］新形象出版公司编辑部编. 世界名家水彩. 永和：新形象出版事业有限公司，民国七六.

［6］Gustav Luttgens. 德国城市与风景. 柏林：Verlag der Nation，1957.

傅东黎履历

　　1960年出生于杭州，1988年毕业于中国美术学院，2002年毕业于浙江大学人文学院研究生班，现浙江大学副教授。中国美术家协会会员，浙江省高校教师资格专业评审，中国鲁迅版画奖获得者。

主要作品：

《瑶遥谣》，1988年中国文化部属艺术院校优秀作品非洲诸国巡回展，中国文化部收藏；

《土坡》，1988年参加中国美术学院与美国蒙大拿艺术学院师生优秀作品交流展，由蒙大拿艺术学院收藏；

《溯风》，1989年参加全国第七届美展，分别获浙江省杭州市优秀奖，作品收录《中国当代版画》，发表在《新美术》1988年第三期，《今日生活画报》1988年第十期；

《星斜》，1990年参加全国第二届版画展，发表在1989年《版画艺术》第28期；

《风祭》，1992年参加全国第一届铜版画展，第三届国际西湖美术节，由上海美术馆收藏；

《八鹰舞空》，1994年参加全国第十二届版画展，第八届全国美展省展，由深圳美术馆收藏，作品收录《浙江美术作品集》、《浙江版画15年》；

《风祭系列》，1996年参加浙江版画双年展，获优秀奖（最高奖），1997年发表在《美术》第七期；

《失乐园》，1998年参加浙江省版画双年展，获优秀奖，由神州版画博物馆收藏；

《生活》，1999年参加中国鲁迅版画奖优秀作品展，由青岛美术馆收藏，作品收录《中国优秀版画家作品选》；

《祥龙·祈年》，1999年参加中国第九届美展省展，参加2000年浙江省版画双年展；

1995年受浙江大学路甬祥校长邀请为浙江大学名誉教授邵逸夫创作铜版画；

1996年水彩画《秋韵》参加中国第三届水彩·水粉画展，收入《全国建筑院校教师优秀作品选》；

1997年受浙江大学校办邀请创作浙江大学百年历史大型浮雕《西迁之路》；

1997年入围浙江美协推荐展；

1999年荣获中国美协：80—90年代为中国版画事业作出贡献者颁发的鲁迅版画奖；

2010年作品《东西方雕塑比较系列》入选名师画展；

2011年作品入选全国建筑院校教师美术作品选。

出版著作：

《素描头像》	1997年浙江人民美术出版社出版
《石膏头像》	1997年浙江人民美术出版社出版
《素描静物》	1997年浙江人民美术出版社出版
《钢笔画法》	1998年浙江人民美术出版社出版
《色彩静物》	1998年陕西旅游出版社出版
《素描风景》	1999年中国民族摄影艺术出版社出版

《色彩静物》   1999年中国民族摄影艺术出版社出版
《素描几何》   2000年北京开明出版社出版
《素描第二册》   2001年北京开明出版社出版
《素描第四册》   2001年北京开明出版社出版
《素描第七册》   2001年北京开明出版社出版
《素描第八册》   2001年北京开明出版社出版
《石膏头像重点突破》 2002年浙江人民美术出版社出版
《真人头像重点突破》 2002年浙江人民美术出版社出版